現代地球科学入門シリーズ

大谷栄治・長谷川昭・花輪公雄[編集]

Introduction to
Modern Earth Science Series

13

地球内部の物質科学

大谷栄治[著]

共立出版

現代地球科学入門シリーズ

Introduction to Modern Earth Science Series

編集委員

大谷 栄治・長谷川 昭・花輪 公雄

JCOPY <出版者著作権管理機構委託出版物>

本書の無断複製は著作権法上での例外を除き禁じられています．複製される場合は，そのつど事前に，出版者著作権管理機構（ＴＥＬ：03-3513-6969，ＦＡＸ：03-3513-6979，e-mail：info@jcopy.or.jp）の許諾を得てください．

現代地球科学入門シリーズ
刊行にあたって

読者の皆様

　このたび『現代地球科学入門シリーズ』を出版することになりました．近年，地球惑星科学は大きく発展し，研究内容も大きく変貌しつつあります．先端の研究を進めるためには，マルチディシプリナリ，クロスディシプリナリな多分野融合的な研究の推進がいっそう求められています．このような研究を行うためには，それぞれのディシプリンについての基本知識，基本情報の習得が不可欠です．ディシプリンの理解なしにはマルチディシプリナリな，そしてクロスディシプリナリな研究は不可能です．それぞれの分野の基礎を習得し，それらへの深い理解をもつことが基本です．

　世の中には，多くの科学の書籍が出版されています．しかしながら，多くの書籍には最先端の成果が紹介されていますが，科学の進歩に伴って急速に時代遅れになり，専門書としての寿命が短い消耗品のような書籍が増えています．このシリーズでは，寿命の長い教科書を目指して，現代の最先端の成果を紹介しつつ，時代を超えて基本となる基礎的な内容を厳選して丁寧に説明しています．

　このシリーズは，学部2〜4年生から大学院修士課程を対象とする教科書，そして，専門分野を学び始めた学生が，大学院の入学試験などのために自習する際の参考書にもなるよう工夫されています．それぞれの学問分野の基礎，基本をできるだけ詳しく説明すること，それぞれの分野で厳選された基礎的な内容について触れ，日進月歩のこの分野においても長持ちする教科書となることを目指しています．すぐには古くならない基礎・基本を説明している，消耗品ではない座右の書籍を目指しています．

　さらに，地球惑星科学を学び始める学生・大学院生ばかりでなく，地球環境科学，天文学・宇宙科学，材料科学など，周辺分野を学ぶ学生・大学院生も対象とし，それぞれの分野の自習用の参考書として活用できる書籍を目指しました．また，大学教員が，学部や大学院において講義を行う際に活用できる書籍になることも期待致しております．地球惑星科学の分野の名著として，長く座右の書となることを願っております．

編集委員一同

はじめに

　本書は，近年著しく発展している地球内部の物質科学についてまとめたものである．この分野の研究の中心は地球物質の高温高圧研究であり，この研究分野は高圧地球科学とよばれることもある．高圧科学の分野において，物質科学的研究が地球惑星科学者によって盛んに研究されているのは，地球・惑星内部が高温高圧状態にあり，その内部を解明するためには高温高圧研究が不可欠だからである．そして高圧地球科学の研究者によってさまざまな高温高圧発生装置が考案されてきた．これらの高温高圧発生装置は高圧地球科学分野のみならず，物理学，化学，材料科学分野においても利用されている．これらの高温高圧装置の開発と実用化には，わが国の研究者が大きな貢献をしている．本書では，高温高圧研究についてとくに3つの章（第6章〜第8章）を設けている．

　このように地球内部の物質科学の1つの柱になっている高温高圧研究とともに，最近目覚ましい発展をとげている放射光X線や中性子線などの量子線を用いた"その場（*in situ*）観察"研究も，地球内部の物質科学研究の重要な柱になっている．したがって，本書の重要な章として，地球惑星科学研究における量子線の活用の章を設けた（第7章）．

　最近，東北大学を中心とする素粒子実験物理学のグループが世界で初めて地球ニュートリノの観測に成功した．わが国発のニュートリノ地球科学の創生である．本書では，この新たに発展が期待される地球ニュートリノ研究についても章を設けた（第11章）．

　本書をまとめるにあたって，高温高圧研究に関する章（第6章〜第8章）については，岡山大学惑星物質研究所の米田 明准教授，地球ニュートリノに関する章（第11章）については，東北大学ニュートリノ科学研究センター長の井上邦雄教授に査読していただいた．また，編集委員の東北大学大学院理学研究科地震・噴火予知研究観測センターの長谷川 昭名誉教授および東北大学元理事・大学院理学研究科の花輪公雄名誉教授には，本書全般についてご意見をいただ

はじめに

いた．これらの方々に感謝したい．

　最後に，度重なる準備遅れで多大なるご迷惑をお掛けしたにもかかわらず，粘り強く完成までお付き合いくださった共立出版の信沢孝一氏および同社の関係者の皆様に心から感謝する次第である．

2018 年 7 月

大 谷 栄 治

目　　次

第 1 章　宇宙存在度，隕石，地球の化学組成　1

1.1　宇宙存在度と C1 コンドライト存在度 　1
1.2　凝縮作用と惑星の化学組成 3
1.3　原始太陽系と初期地球の諸過程 5
1.4　地球の化学組成 6
　　1.4.1　ケイ酸塩地球（地殻およびマントル）の化学組成 6
　　1.4.2　ニッケルのパラドックス 8
　　1.4.3　強親鉄元素のパラドックス 9

第 2 章　地震波速度分布からみる地球内部構造　10

2.1　密度分布と地震波速度分布 10
2.2　地球内部の圧力分布 11
2.3　アダムス・ウイリアムソンの式と地球内部の不均質性 13
　　2.3.1　断熱温度勾配 13
　　2.3.2　アダムス・ウイリアムソンの式 14

第 3 章　地球内部物質の弾性論と熱力学　17

3.1　応力と応力テンソル 　17
3.2　歪みと歪みテンソル：無限小歪みと有限歪み 18
3.3　フックの法則（応力と歪みの関係）と弾性定数 19
3.4　固体の熱力学 20
　　3.4.1　熱力学関数と独立変数 20
　　3.4.2　示強変数と示量変数 20
　　3.4.3　熱力学的関係式 20
　　3.4.4　熱膨張係数，比熱，体積弾性率 21

vii

目　次

第4章　地球内部物質の弾性的性質の経験則　　23

4.1　弾性波速度の経験則：バーチの法則 23

4.2　バルク音速と密度の関係 25

4.3　音速–密度関係の温度圧力依存性と組成依存性 26

4.3.1　温度依存性 27

4.3.2　圧力依存性 28

4.3.3　組成依存性と相転移の効果 29

第5章　地球内部物質の状態方程式　　30

5.1　バーチ・マーナハンの状態方程式 31

5.2　ビネーの状態方程式 33

5.3　バーチ・マーナハンの状態方程式と結合ポテンシャル 34

第6章　地球内部を解明するための高圧研究　　36

6.1　圧力の単位 37

6.2　静的圧力発生法 37

6.2.1　圧力発生原理 38

6.2.2　さまざまな高圧装置 40

6.2.3　圧力標準と状態方程式 44

6.2.4　絶対圧力標準 45

6.2.5　その他の圧力標準 45

6.3　動的圧力発生法 48

第7章　高圧研究における放射光X線と中性子線の利用　　49

7.1　放射光X線と物質の相互作用 49

7.1.1　X線回折 51

7.1.2　XAFS 51

7.1.3　イメージング 52

7.2　中性子線の利用 53

目　次

第8章　高圧下における地球内部物性の解明 55

8.1 高圧下における密度と弾性の測定 55

   8.1.1 高温高圧 X 線回折 55

   8.1.2 超音波法 57

   8.1.3 レーザー励起ピコ秒パルス法 58

   8.1.4 ブリルアン散乱法 59

   8.1.5 X 線非弾性散乱法 60

   8.1.6 X 線核共鳴非弾性散乱法 62

8.2 地球内部における電気伝導と熱伝導 64

   8.2.1 電気伝導と地球内部の水 64

   8.2.2 熱 伝 導 65

8.3 地殻・マントルの弾性的性質 66

   8.3.1 地殻物質の弾性的性質 66

   8.3.2 上部マントル・マントル遷移層・下部マントル物質の弾

       性的性質 67

第9章　マントルの鉱物学 69

9.1 マントル鉱物の相関係 69

   9.1.1 Mg_2SiO_4 の相関係と多形 70

   9.1.2 ウォズレアイトとリングウッダイトの結晶構造 71

   9.1.3 Mg_2SiO_4–Fe_2SiO_4 系の相関係 72

   9.1.4 $MgSiO_3$ の相関係 74

   9.1.5 $MgSiO_3$–$FeSiO_3$ 系および $MgSiO_3$–Al_2O_3 系の相関係 . . 75

9.2 上部マントルを構成する鉱物と岩石 76

   9.2.1 上部マントルを構成するカンラン岩 76

   9.2.2 マントルに沈み込んだ海洋地殻としてのエクロジャイト 77

   9.2.3 地質温度計と地質圧力計 78

9.3 マントル遷移層 80

   9.3.1 カンラン石の相転移と地震波不連続面 80

   9.3.2 カンラン石の相転移と沈み込むスラブの相互作用 81

9.4 下部マントル 82

目　次

9.4.1	ポストペロブスカイト転移	83
9.4.2	シリカの多形とポストスティショバイト転移	84
9.4.3	その他の構造相転移	86
9.4.4	スピン転移	87

9.5　マントルに存在する含水鉱物とマントル内部の水 89

9.5.1	地球内部物質の物性への水の影響	89
9.5.2	地殻と上部マントルの含水鉱物	89
9.5.3	マントル遷移層と下部マントルの水	91

9.6　核マントル境界と D″ 層 93

9.7　天然に見い出される高圧鉱物 96

9.8　天然に見い出される高圧鉱物の命名 97

第10章　地球核の鉱物学　　99

10.1　地球核中の軽元素 99

10.2　高温高圧下における鉄–軽元素系の相関係 101

10.3　地球核物質の融解と核の温度 104

10.4　核の密度と軽元素 106

10.5　鉄の音速–密度関係の温度圧力依存性 107

10.6　金属鉄合金の音速–密度関係と核の軽元素 108

第11章　地球内部の熱源とニュートリノ地球科学　　110

11.1　地球の熱源：地球集積・核形成に伴うエネルギー 110

11.2　地球内部の放射性熱源と熱収支 111

11.3　地球内部の温度とダイナミクス 114

11.4　地球ニュートリノと地球内部の熱源 116

11.4.1	ニュートリノとは	116
11.4.2	地球ニュートリノの観測と地球内部の熱源	118

第12章　融解現象とマグマ　　120

12.1　地球史におけるマグマ 120

12.2　融解の理論 122

12.2.1 リンデマンの理論	122
12.2.2 融点と地震波速度	122
12.2.3 サイモンの式とクラウト・ケネディの式	123
12.2.4 クラウト・ケネディの式とクラウジウス・クラペイロン	
の式の関係	126
12.3 マントルの溶融関係	126
12.3.1 融解の熱力学：固溶体系と共融系の融解	126
12.3.2 深部マントルの溶融関係とマグマ	128
12.3.3 ケイ酸塩の融解に及ぼす揮発性成分の影響	129
12.4 マグマの構造	130
12.4.1 非架橋酸素と SiO_4 四面体	130
12.4.2 ケイ酸塩マグマの Q^n 種	132
12.5 マグマの密度	134
12.5.1 マグマの密度測定方法	134
12.5.2 高圧下におけるマグマの密度	136
12.6 マグマの粘性	139
12.6.1 粘性の測定法	139
12.6.2 マグマの粘性とその圧力変化	139

第13章　マグマオーシャンと初期地球の諸過程　　142

13.1 初期地球と現在の温度構造	142
13.2 マグマ・結晶の密度逆転とマグマオーシャンの結晶化	144
13.3 マグマオーシャンの深さ	146

参考文献　　149

索　引　　161

欧文索引　　164

第 1 章 宇宙存在度，隕石，地球の化学組成

　太陽系においては，その質量の 99% 以上が太陽に集中している．したがって，太陽大気の組成を太陽系の組成とみなすことができる．この組成を**宇宙存在度**（solar abundance）という．この組成は揮発性元素を除いて始原的な隕石の組成である **C1 コンドライト存在度**（C1 chondritic abundance）とほぼ同じ存在度をもつ．しかしながら，地球の化学組成はこの C1 コンドライト存在度とは同じではない．本章では，地球の化学組成はどのようにして推定されているのか，その組成が C1 コンドライト存在度や宇宙存在度とどのように異なるかについて学ぶ．

1.1　宇宙存在度と C1 コンドライト存在度

　地球の物質科学モデルを構築する際には，地球の化学組成モデルが必要である．このモデルに基づいて鉱物学的モデルができ，それが地球物理学的観測量を説明できるか否かを検証することになる．地球の化学組成モデルを構築するためには，宇宙存在度や C1 コンドライト存在度，そして地球の表層や内部に由来する岩石の化学組成の情報が必要になる．図 1.1 に宇宙存在度と C1 コンドライト存在度を示す．この図に示すように，これらの存在度は，揮発性の元素（たとえば，水素（H），ヘリウム（He），希（貴）ガスなど）を除いてよく一致する．

　図 1.2 に宇宙存在度を示す．この存在度は，ケイ素（Si）が 10^6 個存在する

第 1 章 宇宙存在度，隕石，地球の化学組成

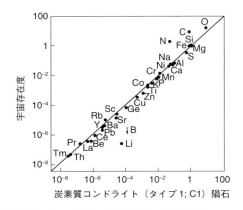

図 1.1 宇宙存在度と C1 コンドライト存在度の類似性 (Ross and Aller, 1976)

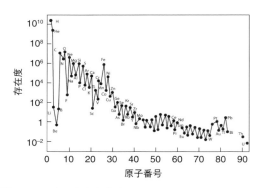

図 1.2 元素の宇宙存在度 (Anders and Grevesse, 1989)
Si を 10^6 としたときの相対的な原子数比．

とし，それに対する元素存在度を示している．この図から，元素の存在度はその種類によって 10^{12} もの幅があることがわかる．宇宙存在度には，以下のような3つの大きな特徴があることがわかる．(1) 水素をはじめとする原子番号の小さな元素が多く存在し，原子番号が大きくなると元素の存在度が小さくなる．(2) 原子番号が偶数の元素は奇数の元素に比べて多く存在する．元素存在度の図においてはジグザグのパターンを示す．このような特徴は，**オッド・ハーキンスの規則**（Oddo-Harkins rule）とよばれており，偶数番号の元素の原子核が奇数番号の元素の原子核に比べて安定であることを反映している．また (3)

2

鉄（Fe）の存在度が非常に大きい．これは，鉄の原子核のエネルギーが小さく，より安定であることによる．宇宙存在度において水素が最も多く，**核融合反応**（nuclear fusion reaction）によって原子番号が大きな元素が形成され，鉄までの元素ができる．それよりも質量の大きな元素は中性子捕獲などの核反応によって第二世代の恒星の内部で形成される．一方，原子番号の大きな元素であるウラン（U）やトリウム（Th）が分裂して原子番号の小さな原子ができるのが**核分裂反応**（nuclear fission reaction）である．太陽系における宇宙存在度は，われわれの太陽に特有のものであり，異なる進化史をもつ恒星では，異なる元素の存在度をもっている．

1.2　凝縮作用と惑星の化学組成

　始原的隕石には，原始太陽系星雲の冷却に伴う**凝縮作用**（condensation）の証拠が認められることがある．**カルシウムアルミニウム包有物**（calcium aluminium inclusion：CAI）もそのひとつである．CAI は，尖晶石（スピネル），ペロブスカイト，アノーサイトなどのカルシウム（Ca）やアルミニウム（Al）を含む鉱物からなる．これらの鉱物は，原始太陽系星雲ガスの中で初期の高温の時期に凝縮したものである．原始太陽系星雲ガス中での凝縮過程は，熱力学的に計算されている．Grossman and Larimer（1974）による計算結果を図 1.3 に示す．
　この図のように，さまざまな元素には凝縮温度に違いがある．高温で凝縮す

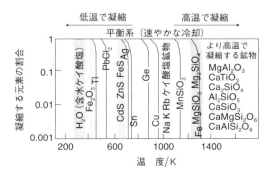

図 1.3　原始太陽系星雲内における鉱物の凝縮温度（Grossman and Larimer, 1974）

第 1 章 宇宙存在度，隕石，地球の化学組成

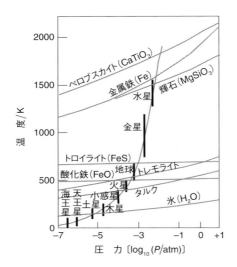

図 1.4 原始太陽系星雲における鉱物の凝縮温度と圧力の関係（Barshay and Lewis, 1976）
惑星の形成環境も示す．

る元素を難揮発性元素とよび，Ca，Al，チタン（Ti），希土類元素（REE），Th，U，マグネシウム（Mg）などの元素がこれに相当する．他方，低温で凝縮する元素を揮発性元素とよぶ．

図 1.4 に宇宙存在度組成のガスにおける鉱物の凝縮温度と原始太陽系星雲内での惑星の形成領域を示す．この図に示されるように，太陽に近い水星のような天体においては，揮発性成分は枯渇しエンスタタイト（$MgSiO_3$），フォルステライト（Mg_2SiO_4）および金属鉄に富んでいる．太陽から離れるにつれて，惑星は揮発性物質に富んだ成分を多く含むようになる．ガリレオ衛星のような木星の衛星には H_2O を主とする氷が含まれ，さらに遠方の土星や天王星，海王星の衛星には，メタン（CH_4）やアンモニア（NH_3）などさらに低温の凝縮物が含まれている．このように，元素の揮発性は太陽系における物質分布を支配している最も重要な性質のひとつである．

1.3　原始太陽系と初期地球の諸過程

　惑星形成は，原始太陽系星雲中においてガスからの固体微粒子の凝縮作用から始まる．凝縮作用後の地球型惑星形成時の諸過程を図 1.5 に示す．形成期の地球においては，(1) 凝縮した微粒子の集積（accretion）により微惑星が形成される．その後，(2) 微惑星の衝突合体によって原始惑星が形成される．そして，(3) 集積エネルギーの開放による発熱によって，**マグマオーシャン**（magma ocean，マグマの海）が形成される．さらに，(4) マグマオーシャン内部での金属鉄成分の分離による核の形成，(5) 惑星の集積期の最終段階で起こったと考えられる**ジャイアントインパクト**（giant impact，巨大天体衝突）と月–地球系の形成，そして (6) 惑星集積の名残りとして隕石重爆撃が起こったと考えられている．このように，惑星の形成期には，凝縮作用，集積作用，衝突エネルギーや重力エネルギーの開放に伴う融解とそれに伴う核・マントル・地殻の分化が起こった．このような過程は，地球の集積から 1 億年以内に終了したものと考えられている．

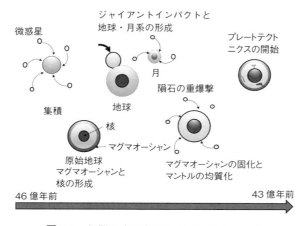

図 1.5　初期地球の諸過程（大谷・掛川，2005）

1.4 地球の化学組成

1.4.1 ケイ酸塩地球(地殻およびマントル)の化学組成

前節で述べたように,元素の揮発性が太陽系における諸天体の化学組成を支配している.それでは地球の化学組成はどうであろうか.地球の化学組成には,その形成過程を反映して,C1 コンドライト存在度と比較して以下に述べるような特徴がある.その特徴に基づいて,地球の形成進化の過程を読み取ることができる.図 1.6 に C1 コンドライトと Mg で規格化した地球核を除く地球のケイ酸塩部分(ケイ酸塩地球),すなわちカンラン岩のマントルおよび地殻を合わせた化学組成の特徴を示す.

縦軸は**枯渇度**(depletion factor)とよばれるもので,C1 コンドライトの存在度と Mg の存在度で規格化したさまざまな元素の相対存在度である.このように規格化することによって,オッド・ハーキンスの規則のジグザグはなくなり,Mg の存在度が 1.0 になっている.横軸はそれぞれの元素がガスから 50% 凝縮する温度(単位:K)である.この図の横軸は揮発性の程度を表しており,左ほど凝縮温度が高い**難揮発性**(refractory)の元素,右ほど低い凝縮温度を示す**揮

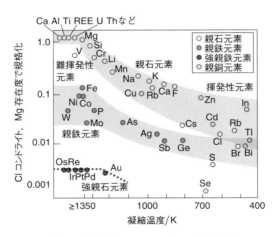

図 1.6 ケイ酸塩地球(地殻+マントル)の化学組成 (Sun, 1984)
C1 コンドライト存在度とマグネシウムの元素存在度で規格化している(Mg = 1.0).

発性（volatile）の元素である.

　地球の核を除くケイ酸塩部分の元素存在度は，この図のように3つに区分される．第一は**親石元素**（lithophile element）のグループである．親石元素は金属鉄と合金をつくりにくく，核の成分にはなりにくい元素である．第二は**親鉄元素**（siderophile element）のグループである．このグループに属する元素は，その親鉄の程度に応じて核に8〜9割程度含まれ，残りがマントルに存在する．これらの元素には，Fe，ニッケル（Ni），コバルト（Co）などが含まれる．第三は**強親鉄元素**（highly siderophile element）のグループである．このグループには，白金（Pt），オスミウム（Os），レニウム（Re），イリジウム（Ir）などの元素が含まれる．これら元素の大部分は金属鉄すなわち核に分配され，ケイ酸塩地球にはほとんど含まれない．このようにケイ酸塩地球の元素存在度は，揮発性物質に枯渇した地球の原材料物質の特徴と，初期地球のマグマオーシャン内部での金属鉄合金（核）とケイ酸塩マグマ（マントル）の間の熱力学的な平衡元素分配の結果，大局的には図に示すような元素存在度になっている．

　ケイ酸塩地球（マントルおよび地殻）の存在度は，C1コンドライトと比較して，以下のような特徴をもっている．

(1) Ca，Al，REE，U，Thなどの難揮発性元素はC1コンドライトの約1.16倍

(2) SiはC1コンドライトの約0.83倍

(3) バナジウム（V），クロム（Cr），マンガン（Mn）はC1コンドライトの0.23〜0.62倍

(4) Fe，Ni，Co，タングステン（W）などの親鉄元素は，C1コンドライトの0.08〜0.15倍

(5) ナトリウム（Na），カリウム（K）などのやや揮発性の元素は，C1コンドライトの0.18〜0.22倍

(6) Pt，Irなど白金族元素およびRe，Osなどの強親鉄元素はC1コンドライトの約0.003倍

(7) 硫黄（S），カドミウム（Cd），セレン（Se）などの非常に揮発性が大きい元素はC1コンドライトの10^{-4}〜10^{-2}倍

　このようなケイ酸塩地球（地殻・マントル）の元素存在度は，原始太陽系星雲内での分別作用，マグマオーシャンの生成とそれに伴うケイ酸塩と金属鉄の分離などの分別作用を反映している．したがって，元素の存在度の特徴は，こ

第 1 章 宇宙存在度，隕石，地球の化学組成

れらの初期地球の諸過程を解明するための鍵となっている．

　元素の存在度の特徴において，上記（1）の親石元素の存在度は C1 コンドライトの存在度よりも多い．これは，地球が金属鉄の核とケイ酸塩の地殻・マントルに分化しており，親石元素が核中に存在せず，地球のケイ酸塩部分のみに濃集しているためであると思われる．

　（5）と（7）にまとめたように，地球のケイ酸塩部分においては，揮発性元素や強揮発性元素は，C1 コンドライトに比べて枯渇している．すなわち，地球をつくった材料物質は，始原的な C1 コンドライトと同じではなく，揮発性成分に枯渇した高温起源の物質であることを示している．このような揮発性と難揮発性の親石元素の特徴は，原始太陽系星雲中での地球の生成環境を反映しており，図 1.4 に示したように地球は原始太陽の近傍の高温域で形成されたために，揮発性の成分が枯渇したことを示している．以下では，（4）および（6）で述べた親鉄元素と強親鉄元素の特徴を詳しく見てみよう．

1.4.2　ニッケルのパラドックス

　上記の（4）に述べたように，マントルと地殻の Fe，Ni，Co などの親鉄元素の存在度は C1 コンドライトに比べて，0.08〜0.15 倍となっている．この親鉄元素の存在度に関して，とくに Ni の存在度については，"ニッケルのパラドックス"といわれる特徴が知られている．未分化のマントル由来のカンラン石中の Ni 量は 2000ppm 程度であり，金属鉄とケイ酸塩間の分配から期待される値（約 800ppm）に比べて大きな値をもっている．図 1.6 に示したように，C1 コンドライトで規格された Ni 存在度は，Co の存在度とほぼ同じ値を示している．一方，常圧および低圧下で実験的に得られた金属鉄とケイ酸塩地球の間の Ni と Co の分配係数（partition coefficient）の値 0.1 および 0.02 から期待される Ni と Co の存在度と大きく異なり，マントルと地殻を含めた地球のケイ酸塩部分は Ni の過剰を示している．このようなマントル・地殻の総化学組成における Ni の過剰は，オーストラリア国立大学の Ringwood によって初めて指摘された特徴であり，彼はこれをニッケルのパラドックス（Ni paradox）とよんだ．

　マントル中の Ni 存在度が，常圧および低圧での Fe とケイ酸塩間の Ni の分配挙動と矛盾する理由として 2 つの可能性が指摘されている．すなわち，第一に核とマントルの分離が非平衡のもとで起こった可能性，そして，第二に初期

8

地球における超高圧下での核マントル平衡を反映している可能性が指摘されている．現在のところ後者の高温高圧平衡起源説が有力である．第 13 章で説明するように，この説に基づいて Ni のマントル存在度が高圧のマグマオーシャンの底での金属鉄とケイ酸塩の平衡分配を反映しており，マグマオーシャンの深さを推定することも可能であると考えられている．

1.4.3　強親鉄元素のパラドックス

強親鉄元素とよばれている Pt，Re，Os，Ir などの元素は，図 1.6 から明らかなように，地殻＋マントルにおける存在度は C1 コンドライトと Mg で規格化すると 0.003 程度になる．これに対して高温高圧実験によって決定された金属鉄とケイ酸塩の間の強親鉄元素の分配係数は $10^{-8} \sim 10^{-10}$ 程度と非常に小さい．このことは，マントルと地殻には，熱力学的な平衡分配で期待される量に比べて強親鉄元素が数桁多く存在することを意味している．また，この図から明らかなように，これらの強親鉄元素の存在度は相対的に C1 コンドライトのそれに近い．

このように地球の地殻・マントル部分が熱力学的に予想されるよりも高い強親鉄元素の存在度をもっていることを**強親鉄元素のパラドックス**（highly siderophile element paradox）とよぶこともある．このような強親鉄元素の特徴についての説明としては，核の形成後に隕石の重爆撃があり，少量の C1 コンドライト的な物質が集積し，それがマントル全体に均質化されたものとも解釈することができる．マグマオーシャンの形成に続く地球核の分離後に生じた隕石爆撃の集積物質を**レイトベニア**（late veneer）とよぶことがある．

第2章 地震波速度分布からみる地球内部構造

　地球内部に関する最も重要な観測量は，地震波速度と密度である．地球内部の地震波速度分布と密度分布はどのようになっているのであろうか．地球内部は，地震波速度分布に基づいて第一近似的に層構造に区分されている．ここでは，それぞれの層の地震学的な特徴を学ぶ．観測される地震波速度および密度の分布から地球内部の温度や不均質性などを推定することもできる．本章では，地震波速度分布からどのように温度分布や不均質性の情報が導き出されるのかも学ぶ.

2.1　密度分布と地震波速度分布

　地球は層構造をもつと近似することができる．地球の層構造は，地震波速度の分布に基づいて，Bullen（1936）によって A 層〜G 層の区分がなされている．地震波速度分布とブレンの **A〜G 区分**（Bullen, 1936）を図 2.1 に示す．この区分においては，地表から**モホ面**（Moho discontinuity）までの**地殻**（crust）をA 層，モホ面から **410 km 不連続面**（410 km-discontinuity）までの**上部マントル**（upper mantle）を B 層，410 km 不連続面から **660 km 不連続面**（660 km-discontinuity）までの**マントル遷移層**（mantle transition zone）を C 層，深さ660 km から約 2900 km の**核マントル境界**（core-mantle boundary：CMB）までの**下部マントル**（lower mantle）を D 層とよんでいる．また，核マントル境界の厚さ約 200 km の地震波速度の異常領域を **D″ 層**（D″ layer）とよぶことが

10

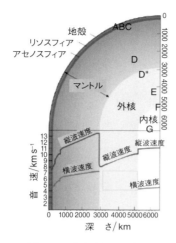

図 2.1 地球内部の層構造：A 層〜G 層（Bullen, 1936）

ある．深さ 2900 km から 5000 km までの液体の外核部分を E 層，内核と外核の境界すなわち**内核境界**（inner core boundary：ICB）の地震波速度の異常領域を F 層，そして，深さ約 5150 km から核の中心の 6570 km までの**内核**（inner core）を G 層とよんでいる．D″ 層は核マントル境界の地震波速度 (V_P, V_S) の低下，場所によっては地震波速度の異方性など異常が認められる層として，その原因を解明するための研究が行われている．

地球内部の平均的な層構造モデルとして，いくつかのモデルが提案されている．比較的よく用いられている地球の層構造モデルとして Dziewonski and Anderson（1981）によって提案された**地球内部構造モデル**（**PREM**, preliminary reference earth model）が存在する．このモデルの縦波速度，横波速度，密度の分布を図 2.2 に示す．

2.2　地球内部の圧力分布

地球は層構造をもっている．地殻とマントルは局所的なマグマ溜りをのぞいてほぼ固体である．一方，核は固体の内核と液体の外核からなる．地殻・マントルはケイ酸塩鉱物の集合体からなる岩石である．これらの岩石は，高温高圧

第 2 章 地震波速度分布からみる地球内部構造

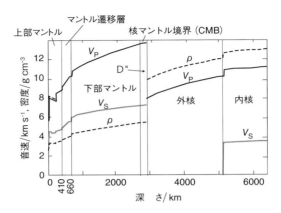

図 2.2 地球内部構造モデル（PREM）の縦波速度（V_P），横波速度（V_S），密度（ρ）の分布（Dziewonski and Anderson, 1981）

条件では脆性–延性転移を起こす．低温低圧の条件では岩石は脆性破壊を起こす．これに対して，地球内部の高温高圧のもとで脆性強度は圧力とともに増加するが，延性強度はあまり変化しない．一方，温度の上昇とともに延性強度は大きく減少する．したがって，地球内部の高温高圧のもとでは，延性強度が小さく，大きな差応力を保持できない．すなわち，地球内部では，差応力は小さく，**静水力学平衡**（hydrostatic equilibrium）が成り立っていると近似することができる．

　静水力学平衡とは，地球を流体のようなものと考え，ある深さの圧力は単位面積にかかるその上部にある物質の重さに等しく，かつその圧力には方向性がなく，上からも横からも同じ大きさでかかっていると考えるものである．すなわち，静水力学平衡の関係式 (2.1) は以下のようになる．

$$dP = \rho g \, dZ \tag{2.1}$$

ここで P は圧力，ρ は密度，g は重力加速度，Z は深さで地球の半径を R_0，地球の中心からの距離を r とすると $Z = R_0 - r$ で表すことができる．地震波に対して地殻やマントルは固体として振る舞う．したがって，この近似は矛盾するように思われる．しかし，この近似は固体の流動現象の本質的な性質を反映している．

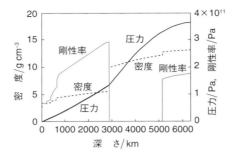

図 2.3 地球内部構造モデル（PREM）に対する密度，剛性率，圧力の分布（Dziewonski and Anderson, 1981）

$$\frac{dP(r)}{dr} = -\rho(r)g(r) = -\frac{GM(r)\rho(r)}{r^2}$$

$$\frac{dM(r)}{dr} = 4\pi r^2 \rho(r)$$

ここで G は万有引力定数，$M(r)$ は地球の中心から r の距離に含まれる質量である．

図 2.3 に PREM に対する密度（ρ），剛性率（μ），そして圧力（P）の分布を示す．

2.3 アダムス・ウイリアムソンの式と地球内部の不均質性

2.3.1 断熱温度勾配

地球内部における物質の移動に伴う温度変化が断熱的な変化（圧縮あるいは膨張）に従って起こる場合，その温度勾配を**断熱温度勾配**（adiabatic temperature gradient）とよぶ．熱力学的な関係式から断熱変化は以下の式で表すことができる．

$$\left(\frac{\partial T}{\partial P}\right)_S = \left(\frac{\partial V}{\partial S}\right)_P$$

この断熱変化の熱力学的な関係式と以下の熱膨張，比熱の定義に基づいて，

$$\left(\frac{\partial V}{\partial T}\right)_P = \alpha V \qquad \left(\frac{\partial T}{\partial S}\right)_P = \frac{T}{C_p}$$

第 2 章　地震波速度分布からみる地球内部構造

断熱温度勾配は，

$$\left(\frac{\partial T}{\partial P}\right)_{\mathrm{S}} = \frac{\alpha V T}{C_p}$$

と表すことができる．ここで α は熱膨張係数，C_p は定圧比熱である．地球内部においては，静水力学平衡の式 $\mathrm{d}P = \rho g\,\mathrm{d}Z$ を用いて，断熱温度勾配は以下の式で表現することができる．すなわち，

$$\frac{\mathrm{d}T}{\mathrm{d}Z_{\mathrm{ad}}} = \left(\frac{\alpha V T}{C_p}\right)\rho g = \frac{g\alpha T}{C_p}$$

この関係式から，マントルの断熱温度勾配 $(\mathrm{d}T/\mathrm{d}Z_{\mathrm{ad}})$ は，マントルの物性値（熱膨張係数 $\alpha = 10^{-5}\,\mathrm{K}^{-1}$，重力加速度 $g = 9.8\,\mathrm{m\,s}^{-2}$，定圧比熱 $C_p = 10^3\,\mathrm{J\,kg}^{-1}\,\mathrm{K}^{-1}$ とすると）$0.2\,\mathrm{K\,km}^{-1}$ 程度になる．

2.3.2　アダムス・ウイリアムソンの式

地球が静水力学平衡にあり，均質な弾性体であり，内部の温度分布が断熱温度勾配に従う場合には以下の関係式が成り立つ．すなわち，静水力学平衡の式 (2.1)，弾性体の圧縮の式 (2.2) から，式 (2.3) の関係式が得られる．

$$\mathrm{d}P = \rho g\,\mathrm{d}Z = -\rho g\,\mathrm{d}r \tag{2.1}$$

K_{S} を断熱体積弾性率とすると，

$$\Phi = \frac{K_{\mathrm{S}}}{\rho} = -\frac{\mathrm{d}P}{\mathrm{d}\rho} \tag{2.2}$$

$$\frac{\mathrm{d}\rho}{\mathrm{d}r} = -\frac{\rho g}{\Phi} \tag{2.3}$$

この式 (2.3) をアダムス・ウイリアムソンの式（Adams-Williamson's equation）という．ここで Φ を地震パラメータ（seismic parameter）という．

一般に地球内部は不均質であり，断熱温度勾配からさまざまな程度にずれている．したがって，アダムス・ウイリアムソンの式は成り立たない．実際の地球内部においてはパラメータ η を導入して，この式を以下のように修正することができる．

$$\frac{\mathrm{d}\rho}{\mathrm{d}r} = -\eta\frac{\rho g}{\Phi}$$

ここで η を不均質パラメータ（ブレンパラメータ，Bullen parameter）とよん

2.3 アダムス・ウイリアムソンの式と地球内部の不均質性

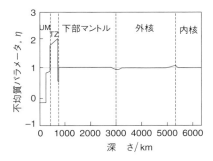

図 2.4 地球内部構造モデル（PREM）における不均質パラメータ（η）の分布（Karato and Ohtani, 1993）
UM：上部マントル，TZ：マントル遷移層．

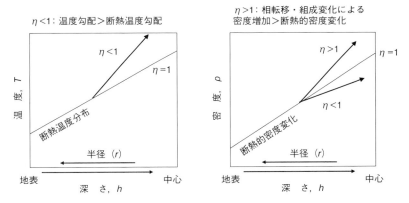

図 2.5 不均質パラメータ（η）と地球内部の温度・密度との関係（Karato and Ohtani, 1993 を改編）

でいる．η が 1 の場合には，アダムス・ウイリアムソンの式の条件を満足する．また，η が 1 からずれた場所では，相転移，断熱温度勾配からのずれ，化学組成の不均質性などが存在することを示している．

図 2.4 は，PREM の地球の層構造モデルについて η を計算し，地球内部のさまざまな深さにおける不均質パラメータ η の分布を示したものである．地球の表層付近すなわちリソスフィアでは，$\eta < 1$ となっている．また，マントル遷移層では $\eta > 1$ を示している．

図 2.5 に η が 1 より大きい場合と小さい場合の密度と温度との関係を示す．

第 2 章　地震波速度分布からみる地球内部構造

リソスフィアは断熱温度勾配よりも大きな地温勾配をもっている．したがって，深さ方向の密度の増加は断熱温度勾配で期待される値よりも小さくなる．したがって，リソスフィアにおいては，図 2.4 に示すように $\eta < 1$ となる．これに対して，マントル遷移層においては，温度勾配は断熱温度勾配に近いと考えられるが，いくつかの相転移によって密度の増加が断熱圧縮による増加に比べて大きくなっている．したがって，ここは $\eta > 1$ を示す．マントル遷移層と下部マントルとを区分する 660 km 不連続面付近に局所的に $\eta < 1$ の領域が認められる（図 2.4）．この部分は，断熱温度勾配よりも大きな温度勾配をもっている可能性があり，下部マントルと上部マントルおよび遷移層が異なるマントル対流運動をしている二層対流のモデルを示唆しているのかもしれない．

　さらに興味深いのは，図 2.4 に示すように，核マントル境界はわずかに 1 よりも小さく，内核境界はわずかに 1 より大きいことである．このことは，核マントル境界が地殻や最上部マントルとよく似た温度構造，すなわち断熱温度勾配に比較して大きな温度勾配を有することを示唆している．これは，核マントル境界においては核からの熱エネルギーの流入によって，この領域が断熱温度勾配に比べて大きな温度勾配をもっていることを示唆している．したがって，核マントル境界の $\eta < 1$ は，核からマントルへの熱エネルギーの流出によって核が冷却し，外核内に熱対流をひき起こし，地球磁場を作り出している地球ダイナモが存在することと調和的である．他方，内核境界では η はわずかに増加が認められる．この η の異常はマントル遷移層と同様の相転移を示唆しており，液体外核から固体の内核への密度増加と調和的である．

16

第3章 地球内部物質の弾性論と熱力学

本章では,地球深部の物質科学を学ぶうえで基礎になる固体の弾性論と熱力学について学ぶ.地球内部は超高圧高温の条件にある.地球内部では,物質は大きな圧力のために大きな圧縮をうけている.したがって,通常の弾性論で用いられている無限小歪みの仮定が成り立たず,有限歪みの弾性論を適用する必要がある.本章では,通常用いられている無限小歪みの弾性論とととともに地球内部の超高圧条件に適用される有限歪みの弾性論についても学ぶ.

3.1 応力と応力テンソル

物質に加わる力を F とすると,力には方向がありベクトル量である.すなわち $F=(F_1,F_2,F_3)$ と表すことができる.単位面積の平面にはたらく力の大きさを**応力**(stress)あるいは**応力テンソル**(stress tensor)という.単位平面には3つの方向 n_1, n_2, n_3 が存在する.したがって,各単位平面にはたらく力は9つの成分をもつ.すなわち,力 F の成分は,$F_i = \sigma_{i1} + \sigma_{i2} + \sigma_{i3} = \sum \sigma_{in}$ と表すことができる.ここで $n=(1,2,3)$ は大きさ1の単位ベクトルである.応力テンソルの成分の定義を図3.1に示す.

応力の特別な場合として,力 F が常に面と垂直になる場合がある.このとき,応力テンソルは

$$\sigma_{ij} = -P\delta_{ij} \tag{3.1}$$

と書くことができる.ここで,δ_{ij} は**クロネッカーのデルタ**(Kronecker delta)と

第 3 章　地球内部物質の弾性論と熱力学

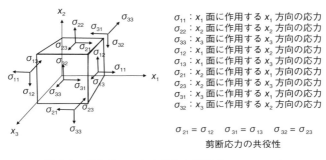

図 3.1　応力テンソルの成分の定義（Poirier, 2000）

よばれ，$i = j$ のときには 1 であり，$i \neq j$ のときには 0 となる．式 (3.1) は，圧力 P の水中に固体を沈めたときに発生する応力に相当する．このような応力を圧力または**静水圧**（hydrostatic pressure）とよぶ．静水圧以外の応力を，**非静水圧**（nonhydrostatic pressure）とよぶことがある．応力テンソルの対角成分のトレースは静水圧力 P の 3 倍に相当する．すなわち，$tr(\sigma_{ij}) = \sigma_{11} + \sigma_{22} + \sigma_{33} = 3P$ と表現される．

$$tr(A) = a_{11} + a_{22} + \cdots + a_{nn} = \sum_{i=1}^{n} a_{ii}$$

3.2　歪みと歪みテンソル：無限小歪みと有限歪み

一般に歪み ε が非常に小さいときには，歪みの 2 乗以上の項は小さいとして無視することができ，以下の式のように表現することができる．これを**無限小歪み**（infinitesimal strain）とよぶ．ここで ε_{ij} を歪みテンソルの成分，u_i を変位ベクトルの成分とすると，

$$\varepsilon_{ii} = \frac{\partial u_i}{\partial x_i}$$
$$\varepsilon_{ij} = \frac{1}{2}\left(\frac{\partial u_i}{\partial x_j} - \frac{\partial u_j}{\partial x_i}\right) \qquad u_i = x_i - x_{0i}$$

通常用いられている弾性論は無限小の歪みを仮定している．しかしながら，地球内部の超高圧のもとでは，通常の固体の体積は 20〜30% 以上も減少する．したがって，このような大きな歪み量に対しては通常の弾性論で用いる無限小歪みの近似が成り立たない．すなわち，歪み ε の 2 乗以上の項を無限小として

無視することはできず，歪みの定義を無限小歪みから**有限歪み**（finite strain）に修正しなければならない．高温高圧下の固体の体積（密度），温度，圧力関係を記述する状態方程式は有限歪みの弾性論に基づいている．このような有限歪みの弾性論は Murnaghan によって提案され，**有限歪みの弾性論**（finite strain theory of elasticity）とよばれている．有限歪みの弾性論において，歪みの定義は歪みの 2 次の項までを考慮すると以下のようになる．

$$\varepsilon_{ii} = \frac{\partial u_i}{\partial x_i} - \frac{1}{2} \sum_{i=1}^{3} \left(\frac{\partial u_i}{\partial x_i} \right)^2$$

$$\varepsilon_{ij} = \frac{1}{2} \left(\frac{\partial u_i}{\partial x_j} - \frac{\partial u_j}{\partial x_i} \right) - \frac{1}{2} \sum_{i \neq j}^{3} \left(\frac{\partial^2 u_i}{\partial x_i \partial x_j} \right)$$

この有限歪みの定義において，歪みの 1 次の項のみを用いて 2 次の項を無視すると，無限小歪みの定義式となる．

3.3 フックの法則（応力と歪みの関係）と弾性定数

均質な弾性体においては，歪みが無限小の場合，2 次のテンソルである応力と歪みの間には線形の関係が成り立つ．これを**フックの法則**（Hook's law）とよぶ．すなわち，この関係は，

$$\sigma_{ij} = \sum c_{ijkl} \varepsilon_{kl}$$

となる．ここで，4 次の対称テンソル c_{ijkl} を**弾性定数テンソル**（elastic constant tensor）とよぶ．応力テンソルと歪みテンソルは対称であるから，最も対称性が低い三斜晶系の場合には，弾性定数テンソルは独立な 21 の成分をもっている．最も対称性の高い立方晶系の場合には 3 つの成分となる．なお，弾性定数テンソル c_{ijkl} は以下のように短縮した表現をすることも多い．$11 \to 1, 22 \to 2, 33 \to 3, 23 = 32 \to 4, 13 = 31 \to 5, 12 = 21 \to 6$ すなわち $C_{1111} = C_{11}$，$C_{1122} = C_{12}$，$C_{2323} = C_{44}$ と表現される．

等方的な弾性体においては，独立な弾性定数はさらに 2 つ（λ と μ）に減少する．この 2 つを**ラメの定数**（Lamé's constant）とよぶ．この場合，$\mu = C_{44}$ であり，これは**剛性率**（rigidity）とよばれる．また，$\lambda = C_{12}$ であり，$C_{11} = \lambda + 2\mu$ と表すことができる．

第3章　地球内部物質の弾性論と熱力学

3.4　固体の熱力学

3.4.1　熱力学関数と独立変数

熱力学関数（thermodynamic function）には，内部エネルギー（U），エンタルピー（H），ヘルムホルツ（Helmholz）の自由エネルギー（F），ギブズ（Gibbs）の自由エネルギー（G）がある．また，独立変数には圧力（P），体積（V），温度（T），エントロピー（S）が存在する．そして，熱力学関数は2つの**独立変数**（indipendent variable）によって決まる．

たとえば，熱力学第一法則より，内部エネルギー U の変化は，

$$\mathrm{d}U = T\,\mathrm{d}S - p\,\mathrm{d}V \tag{3.2}$$

したがって，エントロピー S と体積 V を独立変数とすることができ，

$$\mathrm{d}U = \left(\frac{\partial U}{\partial S}\right)_V \mathrm{d}S + \left(\frac{\partial U}{\partial V}\right)_S \mathrm{d}V \tag{3.3}$$

と表すことができる．このように熱力学関数は，内部エネルギー $U(S,V)$，エンタルピー $H(S,P)$，ヘルムホルツの自由エネルギー $F(T,V)$，ギブズの自由エネルギー $G(T,P)$ のように2つの独立変数（状態量）で表すことができる．

3.4.2　示強変数と示量変数

系の状態を記述する物理量である状態量（独立変数）は，**示強変数**（intensive variable）と**示量変数**（extensive variable）に区分することができる．示量変数は，体積やエントロピーのように大きさに依存する量である．それに対して示強変数とは圧力や温度のように，系の大きさには無関係な量である．

示強変数と示量変数の積がエネルギーの次元をもつとき，それらを**共役量**（conjugated quantity）という．たとえば示強変数である温度 T に対応する示量変数はエントロピー S であり，示強変数である圧力 P に対応する示量変数は体積 V である．そして，TS および PV はエネルギーの次元をもつ．

3.4.3　熱力学的関係式

重要な熱力学的関係式に**マクスウェルの関係式**（Maxell relation）が存在す

20

3.4 固体の熱力学

る．上記 (3.2)，(3.3) の関係式から，

$$\left(\frac{\partial U}{\partial S}\right)_V = T \qquad \left(\frac{\partial U}{\partial V}\right)_S = -p$$

この関係から以下の関係式を得ることができる．

$$\left(\frac{\partial p}{\partial S}\right)_V = -\frac{\partial}{\partial S}\left\{\left(\frac{\partial U}{\partial V}\right)_S\right\}_V = -\frac{\partial}{\partial V}\left\{\left(\frac{\partial U}{\partial S}\right)_V\right\}_S = -\left(\frac{\partial T}{\partial V}\right)_S$$

すなわち，

$$\left(\frac{\partial p}{\partial S}\right)_V = -\left(\frac{\partial T}{\partial V}\right)_S$$

同様にして

$$\left(\frac{\partial V}{\partial S}\right)_P = \left(\frac{\partial T}{\partial p}\right)_S$$

$$\left(\frac{\partial S}{\partial V}\right)_T = \left(\frac{\partial p}{\partial T}\right)_V$$

$$\left(\frac{\partial S}{\partial p}\right)_T = -\left(\frac{\partial V}{\partial T}\right)_p$$

の関係を導出することができる．これらの関係式をマクスウェルの関係式とよぶ．

3.4.4 熱膨張係数，比熱，体積弾性率

ここでは，高温の状態方程式に関連したさまざまな変数の定義と，熱力学から得られるそれらの間の関係式をまとめる．

熱膨張係数（thermal expansion coefficient）α は以下のように定義される．すなわち，

$$\alpha = \frac{1}{V}\left(\frac{\partial V}{\partial T}\right)_P$$

また，**定積比熱**（heat capacity at constant volume）C_v と**定圧比熱**（heat capacity at constant pressure）C_p については以下のように定義される．

$$C_v = T\left(\frac{\partial S}{\partial T}\right)_V \qquad C_p = T\left(\frac{\partial S}{\partial T}\right)_P = \alpha V T\left(\frac{\partial P}{\partial T}\right)_S$$

体積弾性率（bulk modulus）には**等温体積弾性率**（isothermal bulk modulus）

21

第3章 地球内部物質の弾性論と熱力学

K_T と**断熱体積弾性率**（adiabatic bulk modulus）K_S が存在し，それらの定義は以下のようである．

$$K_T = -V_0 \left(\frac{\partial P}{\partial V} \right)_T \qquad K_S = -V_0 \left(\frac{\partial P}{\partial V} \right)_S$$

高温の状態方程式では，熱振動と格子体積の関係を示す**グリュナイゼン定数**（Grüneisen constant）γ が重要である．γ は，以下のように表すことができる．

$$\gamma = V \left(\frac{\partial P}{\partial U} \right)_V \qquad \gamma = - \left(\frac{\partial \ln T}{\partial \ln V} \right)_S$$

γ は熱力学の関係を用いて，次のように表現することができる．

$$\gamma = \frac{\alpha K_T V}{C_v} = \frac{\alpha K_S V}{C_p}$$

この式は**グリュナイゼンの関係式**（Grüneisen relationship）とよばれている．定圧比熱と定積比熱，そして断熱体積弾性率と等温体積弾性率は，γ を用いて以下のような関係で結ばれている．この定数 γ は一般に 1 に近い値をとる．

$$\frac{C_p}{C_v} = \frac{K_S}{K_T} = 1 + \gamma \alpha T$$

第4章 地球内部物質の弾性的性質の経験則

地球内部の地震波速度の分布を解釈するには，その構成物質の弾性的性質を知る必要がある．地球内部は高温高圧の状態にあり，さまざまな構成鉱物からなる．そのために地球内部物質の弾性波速度を地球内部の温度と圧力のもとで測定することが重要になっている．しかしながら，実験的な困難のために，地球内部物質を含む多くの物質の弾性波速度，それらの温度圧力依存性についての経験則が求められている．ここでは，地球内部物質の弾性波速度と密度の関係，その温度と圧力依存性，そして化学組成，鉱物組成，そして地球内部の相転移の影響について学ぶ．

4.1 弾性波速度の経験則：バーチの法則

Francis Birch（フランシス・バーチ，1903〜92年，写真4.1）は1961年に岩石試料など200以上の物質の弾性波速度を1 GPaまでの圧力下で測定し，それらの測定結果に基づいて縦波速度と密度の関係を調べた．それによると弾性波速度は，密度（ρ）と**平均原子量**（mean atomic weight, $\overline{M}$）によって整理できる．ここで平均原子量は，$\overline{M}$ = [分子量]/[原子の数] と定義される．

たとえば，石英（SiO_2）の場合，ケイ素（Si）の原子量は28.1，酸素（O）の原子量は16であるから，

$$\overline{M}(SiO_2) = \frac{28.1 + 2 \times 16}{3} = 20.03$$

同様に，

第 4 章　地球内部物質の弾性的性質の経験則

写真 4.1　弾性波速度の経験則であるバーチの法則で著名な Francis Birch（地球物理学者，1903～92 年）（http://honors.agu.org/bowie-lectures/francis-birch-1903-1992/）

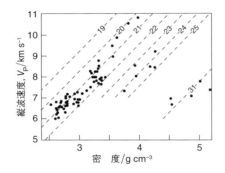

図 4.1　バーチの法則（Birch, 1961）
同じ平均原子量（$\overline{M}$，図中に数字と破線で示す）の物質については，密度 ρ と縦波速度 V_P の間に線形の関係が成り立つ．

$$\overline{M}(\mathrm{MgSiO_3}) = 20.12$$
$$\overline{M}(\mathrm{MgO}) = 20.15$$

である．

　このようにマントル鉱物の平均原子量は 20～22 の範囲に入っている．Birch は同じ平均原子量（$\overline{M}$）をもつ物質については，密度 ρ と縦波速度 V_P の間に線形の関係が成り立つことを示した．この関係を図 4.1 に示す．この関係式は一般には結晶構造によらず，

$$V_\mathrm{P} = a(\overline{M}) + b\rho$$

と表すことができる．ここで a, b は定数である．これを**バーチの法則**（Birch's law）とよぶ (Birch, 1961)．とくに主要なマントル鉱物は，平均原子量が $20 < \overline{M} < 22$ の間に分布し，このような範囲の $\overline{M}$ 値をもつ鉱物については，線形の関係式 $V_\mathrm{P} = -1.87 + 3.05\rho$ で表すことができる．

図 4.1 から明らかなように，平均原子量が大きい物質は，密度-音速関係において大きな変化が認められる．これは，平均原子量に大きな影響を与える鉄（Fe）の存在量の違いが，地震学的な観測量である縦波速度と密度の関係に大きく影響を与えるからである．すなわち，鉄の量の違いは地震学的に容易に判別しやすいことがわかる．

4.2　バルク音速と密度の関係

バルク音速（bulk sound velocity, V_Φ）は，物質の膨張と圧縮の振動が伝搬する速度であり，

$$V_\Phi = \sqrt{\Phi} = \sqrt{\frac{K}{\rho}}$$

と表される．Birch は衝撃波実験や静的圧縮実験で決定されたバルク音速と密度の間には，原子番号に従って，図 4.2 に示すような系統的な関係があること

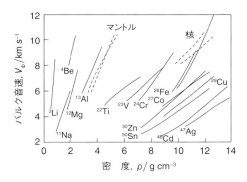

図 4.2　衝撃波実験で決定されたバルク音速と密度の間の関係（Birch, 1963）
　　　　核およびマントルの密度 ρ とバルク音速 V_Φ を破線で示す．

第 4 章 地球内部物質の弾性的性質の経験則

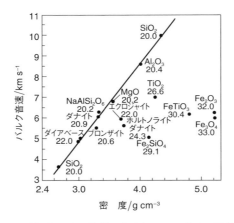

図 4.3 マントルや地殻をつくる物質の密度とバルク音速の関係（Wang, 1968）
平均原子量が共通の場合には 1 つの線上に並ぶ．実線は平均原子量 $\overline{M} = 20.1$ に対応するものである．

を示した（Birch, 1963）．また，この図には核およびマントルの密度 ρ とバルク音速 V_Φ を破線で示した．バーチはこの図に基づいて，マントルは原子量の小さい元素からなり，核はおもに原子量の大きい金属鉄からなると結論した．

図 4.3 に示すように，マントルや地殻をつくる物質は，それが鉱物でも鉱物の集合体である岩石においても，平均原子量が共通の場合には 1 つの線上にならぶ．この図の太い実線は，$\overline{M} = 20.1$ に対応するものである．同様な関係は Wang（1968）によっても示された．彼によるとバルク音速と密度の間には，$V_\Phi = a(\overline{M}) + b\rho$ の関係がある．マントル鉱物に対応する $20 < \overline{M} < 22$ においては，この関係は近似的に $V_\Phi = -1.75 + 2.36\rho$ と表すことができる．

4.3 音速-密度関係の温度圧力依存性と組成依存性

鉱物の音速と密度の関係は Liebermann と Ringwood によって精力的に研究された（Liebermann and Ringwood, 1973）．ここではさらに，バルク音速と密度の関係への（1）温度，（2）圧力，（3）組成，（4）相転移による影響について見てみよう．図 4.4 にバルク音速と密度の関係に対する温度，圧力，組成の関係を示す．図において，圧力変化の方向を P の矢印で，温度の変化を破線の矢印

4.3 音速−密度関係の温度圧力依存性と組成依存性

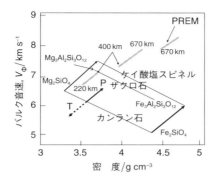

図 4.4 バルク音速と密度の関係に対する温度,圧力,組成(固溶体)の影響(Liebermann and Ringwood, 1973)
圧力変化の方向を矢印 P,温度の変化を破線の矢印 T で示す.

T で示す.この図から明らかなように,圧力と温度による変化はともに 1.5〜2.5 の勾配を示し,向きが逆になっている.

バルク音速 V_Φ と密度 ρ はともに温度や圧力によって変化する.バルク音速と密度の関係の温度依存性および圧力依存性は以下のように示すことができる.

4.3.1 温度依存性

温度が変化したときの V_Φ と ρ の変化は

$$\left(\frac{\partial \ln V_\Phi}{\partial \ln \rho}\right)_P = \frac{\delta_C - 1}{2} = \text{const} = 1.5 \sim 2.5 \qquad \text{ここで } \delta_C = 4 \sim 6$$

で表されるが,この関係は断熱体積弾性率 K_S を用いて以下のように導くことができる.すなわち,

$$V_\Phi = \left(\frac{K_S}{\rho}\right)^{\frac{1}{2}} \qquad \text{よって, } \ln V_\Phi = \frac{1}{2}(\ln K_S - \ln \rho)$$

ゆえに

$$\left(\frac{\partial \ln V_\Phi}{\partial \ln \rho}\right)_P = \frac{1}{2}\left[\left(\frac{\partial \ln K_S}{\partial \ln \rho}\right)_P - 1\right] = \frac{\delta_C - 1}{2}$$

ここで δ_C はアンダーソン・グリュナイゼン定数(Anderson-Grüneisen constant)であり,多くの物質で温度によらず一定(約 4〜6)とみなすことができる.

第 4 章　地球内部物質の弾性的性質の経験則

$$\delta_C \equiv \left(\frac{\partial \ln K_S}{\partial \ln \rho}\right)_P = \frac{\rho}{K_S}\left(\frac{\partial K_S}{\partial \rho}\right)_P = \frac{\rho}{K_S}\left(\frac{\partial K_S}{\partial T}\right)_P\left(\frac{\partial T}{\partial \rho}\right)_P$$

$$= \frac{\rho}{K_S}\left(\frac{\partial K_S}{\partial T}\right)_P \frac{-1}{\alpha\rho} = -\frac{1}{\alpha K_S}\left(\frac{\partial K_S}{\partial T}\right)_P = \text{const}$$

$$\approx \frac{-1}{10^{-5}\times 200}(-10^{-2}) = 5$$

ここで，マントル鉱物の一般的な物性値として熱膨張係数 $\alpha \sim 10^{-5}\,\mathrm{K}^{-1}$，断熱体積弾性率 $K_S \sim 200\,\mathrm{GPa}$，体積弾性率の温度変化 $(\partial K_S/\partial T) \sim 0.01\,\mathrm{GPa\,K}^{-1}$ を仮定した．

4.3.2　圧力依存性

バルク音速と密度の関係の圧力変化は以下のように表すことができる．

$$\left(\frac{\partial \ln V_\Phi}{\partial \ln \rho}\right)_T \approx \frac{1}{2}(K_S{}' - 1) \approx 1.5\sim 2.5$$

この関係は以下のようにして求めることができる．断熱体積弾性率の圧力依存性を $K_S{}'$，等温体積弾性率を K_T とすると，

$$\left(\frac{\partial \ln V_\Phi}{\partial \ln \rho}\right)_T = \frac{1}{2}\left(\frac{\partial(\ln K_S - \ln\rho)}{\partial \ln\rho}\right)_T$$

$$= \frac{1}{2}\left\{\left(\frac{\partial \ln K_S}{\partial \ln\rho}\right)_T - 1\right\} = \frac{1}{2}\left(K_S{}'\frac{K_T}{K_S} - 1\right)$$

$$= \frac{1}{2}\left(\frac{K_S{}'}{(1+\gamma\alpha T)} - 1\right)$$

ここで

$$\left(\frac{\partial \ln K_S}{\partial \ln\rho}\right)_T = \frac{\rho}{K_S}\left(\frac{\partial K_S}{\partial \rho}\right)_T = \frac{\rho}{K_S}\left(\frac{\partial K_S}{\partial P}\right)_T\left(\frac{\partial P}{\partial \rho}\right)_T$$

$$= \frac{\rho}{K_S}\left(\frac{\partial K_S}{\partial \rho}\right)_T = \frac{\rho}{K_S}\left(\frac{\partial K_S}{\partial P}\right)_T\left(\frac{\partial P}{\partial \rho}\right)_T$$

$$= \frac{K_S{}'}{K_S}(-V)\left(\frac{\partial P}{\partial V}\right)_T = K_S{}'\frac{K_T}{K_S}$$

したがって，

$$\left(\frac{\partial \ln V_\Phi}{\partial \ln \rho}\right)_T = \frac{1}{2}\left(\frac{K_S{}'}{(1+\gamma\alpha T)} - 1\right) \approx \frac{1}{2}(K_S{}' - 1)$$

ここで，$K_S{}'$ は多くの物質では $4\sim 6$ の値をとることが知られている．したがって，

$$\left(\frac{\partial \ln V_\Phi}{\partial \ln \rho} \right)_T \approx \frac{1}{2}(K_S{}' - 1) \approx 1.5 \sim 2.5$$

となる.

4.3.3 組成依存性と相転移の効果

図 4.4 は，バルク音速と密度の関係が化学組成および相転移によってどのように変化するかも示している．バルク音速と密度の関係に大きな影響を与える元素は鉄である．これは，鉄の原子量がマントルの他の主要な元素に比べて非常に大きく，密度に大きな影響を与えるからである．この図に示すように，バルク音速と密度の関係はカンラン石固溶体，ザクロ石（ガーネット）固溶体，リングウッダイト（ケイ酸塩スピネル）固溶体のような Mg ↔ Fe の置換によって，大きく変化することを示している．これは，鉄の成分の増加によって密度が増加するのに対して，体積弾性率は結晶構造に依存して，構造が同じ固溶体ではあまり大きな変化がないことによる．このことから鉄成分の不均質は，地震学的に検知しやすいことがわかる.

この図はさらに，音速と密度の関係が相転移によってどのように変化するのかも示している．この図に示すように Mg_2SiO_4–Fe_2SiO_4 固溶体のカンラン石からリングウッダイトへの転移に伴って，密度と音速がともに不連続に増加し，変化の傾向は圧力と温度の変化と類似していることがわかる．これ以外の鉱物においても相転移によって，同様な音速と密度の不連続的な増加が認められている.

第5章 地球内部物質の状態方程式

　地球内部の地震学的情報を解釈するには，弾性波速度と密度，それらの温度・圧力依存性が必要になる．そのために，実験的に弾性波速度と密度を測定することが重要になる．また，最近では第一原理計算や分子動力学法（本シリーズ第 11 巻『結晶学・鉱物学』参照）によって，弾性波速度や密度を理論計算によって求めることも可能になっている．

　地球内部は高温高圧の世界である．圧力，温度と体積（または密度）の関係は**状態方程式**（equation of state）で表される．熱力学的な定義によれば，圧力 P は以下のように表現される．

$$P = -\left(\frac{\partial U}{\partial V}\right)_S = \left(\frac{\partial F}{\partial V}\right)_T$$

ここで，添字 S と T はそれぞれエントロピー，温度が一定の条件での微分を意味する．エネルギーが体積の関数として明らかになれば，上式によって状態方程式が決定される．よく知られている状態方程式の例としては，理想気体の状態方程式がある．この場合には理想気体の温度，圧力，体積の関係，すなわち状態方程式を $PV = nRT$ と表現することができる．類似の熱力学的関係は固体にも存在する．

　固体の状態方程式としてよく用いられているものに，バーチ・マーナハンの状態方程式とビネーの状態方程式がある．非常に柔らかい物質には，後者の状態方程式が適しているといわれており，液体の状態方程式に用いられることもある．本章では，地球内部の議論に一般的に用いられている状態方程式について学ぶ．

30

5.1 バーチ・マーナハンの状態方程式

バーチ・マーナハンの状態方程式（Birch-Murnaghan equation of state）を以下に示す．歪みエネルギーを歪みで展開した際に，歪みの 2 乗までの項を用い，3 乗以上の項を無視して得られる状態方程式は 2 次のバーチ・マーナハンの状態方程式とよばれている．また，3 乗までの項を用いる場合には 3 次のバーチ・マーナハンの状態方程式とよばれている．これらの状態方程式は以下のように表現される．$P = 0$ における体積と体積弾性率をそれぞれ K_0，V_0，体積弾性率の圧力勾配を K' とすると，

$$P = \frac{3}{2} K_0 \left\{ \left(\frac{V_0}{V} \right)^{\frac{7}{3}} - \left(\frac{V_0}{V} \right)^{\frac{5}{3}} \right\}$$

（2 次のバーチ・マーナハンの状態方程式）

$$P = \frac{3}{2} K_0 \left\{ \left(\frac{V_0}{V} \right)^{\frac{7}{3}} - \left(\frac{V_0}{V} \right)^{\frac{5}{3}} \right\} \left[1 + \frac{3}{4}(K' - 4) \left\{ \left(\frac{V_0}{V} \right)^{\frac{2}{3}} - 1 \right\} \right]$$

（3 次のバーチ・マーナハンの状態方程式）

$$P = \frac{3}{2} K_0 \left\{ \left(\frac{V_0}{V} \right)^{\frac{7}{3}} - \left(\frac{V_0}{V} \right)^{\frac{5}{3}} \right\} \times$$

$$\left[1 + \frac{3}{4}(K' - 4) \left\{ \left(\frac{V_0}{V} \right)^{\frac{2}{3}} - 1 \right\} + \right.$$

$$\left. \frac{3}{8} \left(\left(K_0 K' + (K' - 4)(K' - 3) + \frac{35}{9} \right) \left\{ \left(\frac{V_0}{V} \right)^{\frac{2}{3}} - 1 \right\} \right)^2 \right]$$

（4 次のバーチ・マーナハンの状態方程式）

以下では，この状態方程式を導びいてみよう．有限歪みの弾性論では，歪み ε は，

$$\varepsilon = \frac{1}{2} \left\{ \left(\frac{V_0}{V} \right)^{\frac{2}{3}} - 1 \right\} = \frac{1}{2} \left\{ \left(\frac{\rho}{\rho_0} \right)^{\frac{2}{3}} - 1 \right\}$$

と表すことができる．歪みエネルギー Φ を歪みの多項式で展開すると，下式のように表現することができる．

31

第 5 章　地球内部物質の状態方程式

$$\Phi(\varepsilon) = \sum_{i=0}^{n} a_i \varepsilon^i$$

$\varepsilon = 0$ のとき $\Phi = 0$ だから $a_0 = 0$. すなわち,

$$\Phi(\varepsilon) = \sum_{i=1}^{n} a_i \varepsilon^i$$

ここで,

$$\frac{\partial \varepsilon}{\partial V} = \frac{-1}{3V_0} \left(\frac{V_0}{V} \right)^{\frac{5}{3}} = \frac{-1}{3V_0} (1 + 2\varepsilon)^{\frac{5}{2}}$$

であるから,

$$P = -\frac{\partial \Phi}{\partial V} = -\frac{\partial \Phi}{\partial \varepsilon} \frac{\partial \varepsilon}{\partial V} = -\sum_{i=1}^{n} i a_i \varepsilon^{i-1} \left\{ \frac{-(1 + 2\varepsilon)^{\frac{5}{2}}}{3V_0} \right\}$$

$$= \frac{(1 + 2\varepsilon)^{\frac{5}{2}}}{3V_0} \sum_{i=1}^{n} i a_i \varepsilon^{i-1}$$

$\varepsilon = 0$ のとき $P = 0$ だから $a_1 = 0$. すなわち, $a_0 = a_1 = 0$. したがって,

$$\Phi(\varepsilon) = a_2 \varepsilon^2 + a_3 \varepsilon^3 + a_4 \varepsilon^4 + \cdots = \sum_{i=2}^{n} a_i \varepsilon^i$$

このとき,

$$P = -\frac{\partial \Phi}{\partial V} = -\frac{\partial \Phi}{\partial \varepsilon} \frac{\partial \varepsilon}{\partial V} = \frac{(1 + 2\varepsilon)^{\frac{5}{2}}}{3V_0} \sum_{i=2}^{n} i a_i \varepsilon^{i-1}$$

$$= \frac{1}{3V_0} (1 + 2\varepsilon)^{\frac{5}{2}} [2a_2 \varepsilon + 3a_3 \varepsilon^2 + 4a_4 \varepsilon^3 + \cdots]$$

$$= \frac{1}{3V_0} (1 + 2\varepsilon)^{\frac{5}{2}} 2a_2 \varepsilon \left[1 + \frac{3a_3 \varepsilon}{2a_2} + \frac{4a_4 \varepsilon^2}{2a_2} + \cdots \right]$$

$$= \frac{(1 + 2\varepsilon)^{\frac{5}{2}}}{3V_0} \sum_{i=2}^{n} i a_i \varepsilon^{i-1}$$

$P = 0$ における体積弾性率 K_0 は

$$K_0 = -V_0 \left(\frac{\partial P}{\partial V} \right)_{T, P=0(\varepsilon=0)} = \frac{2a_2}{9V_0}$$

で表されるから,

$$P = 3K_0 \left(\frac{V_0}{V} \right)^{\frac{5}{3}} \frac{1}{2} \left\{ \left(\frac{V_0}{V} \right)^{\frac{2}{3}} - 1 \right\} \left[1 + \frac{3a_3 \varepsilon}{2a_2} + \frac{4a_4 \varepsilon^2}{2a_2} + \cdots \right]$$

すなわち，

$$P = \frac{3}{2}K_0 \left\{ \left(\frac{V_0}{V}\right)^{\frac{7}{3}} - \left(\frac{V_0}{V}\right)^{\frac{5}{3}} \right\} \times$$

$$\left[1 + \frac{3a_3}{2a_2}\frac{1}{2}\left\{ \left(\frac{V_0}{V}\right)^{\frac{2}{3}} - 1 \right\} + \frac{4a_4}{2a_2}\left(\frac{1}{2}\left\{ \left(\frac{V_0}{V}\right)^{\frac{2}{3}} - 1 \right\} \right)^2 + \cdots \right]$$

ここで体積弾性率とその圧力勾配 K' は以下のように表される．

$$K = -V\frac{\partial P}{\partial V} = -V\frac{\partial P}{\partial \varepsilon}\frac{\partial \varepsilon}{\partial V} \qquad K' = \frac{\partial K}{\partial P} = \frac{\partial K}{\partial \varepsilon}\frac{\partial \varepsilon}{\partial P}$$

すなわち

$$\frac{a_3}{a_2} = K' - 4$$

となる．したがって，

$$P = \frac{3}{2}K_0 \left\{ \left(\frac{V_0}{V}\right)^{\frac{7}{3}} - \left(\frac{V_0}{V}\right)^{\frac{5}{3}} \right\} \times$$

$$\left[1 + \frac{3}{4}(K'-4)\left\{ \left(\frac{V_0}{V}\right)^{\frac{2}{3}} - 1 \right\} + \frac{4a_4}{2a_2}\left(\frac{1}{2}\left\{ \left(\frac{V_0}{V}\right)^{\frac{2}{3}} - 1 \right\} \right)^2 + \cdots \right]$$

以上の式から，3 次のバーチ・マーナハンの状態方程式は以下のようになる．

$$P = \frac{3}{2}K_0 \left\{ \left(\frac{V_0}{V}\right)^{\frac{7}{3}} - \left(\frac{V_0}{V}\right)^{\frac{5}{3}} \right\} \left[1 + \frac{3}{4}(K'-4)\left\{ \left(\frac{V_0}{V}\right)^{\frac{2}{3}} - 1 \right\} \right]$$

また，$K' = 4$ のとき，以下のような 2 次のバーチ・マーナハンの状態方程式が得られる．

$$P = \frac{3}{2}K_0 \left\{ \left(\frac{V_0}{V}\right)^{\frac{7}{3}} - \left(\frac{V_0}{V}\right)^{\frac{5}{3}} \right\}$$

5.2　ビネーの状態方程式

　ビネーの状態方程式（Vinet equation of state）もよく用いられる（Vinet *et al.*, 1989）．この状態方程式は，経験的なポテンシャルに基づいている．この状態方程式は，圧縮性の大きい物質，超高圧条件における圧縮状態を表すのに適している．この状態方程式は以下のように表すことができる．

第 5 章　地球内部物質の状態方程式

$$P = 3K_0 \left(\frac{V}{V_0}\right)^{-\frac{2}{3}} \left\{1 - \left(\frac{V}{V_0}\right)^{\frac{1}{3}}\right\} \exp\left[\frac{3}{2}(K_0' - 1)\left\{1 - \left(\frac{V}{V_0}\right)^{\frac{1}{3}}\right\}\right]$$

ここで K_0 は常圧 ($P = 0$) における体積弾性率，K_0' はその圧力依存性である．

5.3　バーチ・マーナハンの状態方程式と結合ポテンシャル

　バーチ・マーナハンの状態方程式は，固体の結合ポテンシャルに基づいて導出することができる．図 5.1 に示すように結合ポテンシャルは，次のように引力と斥力の和で表すことができる．原子間距離を r とすると，

$$\Phi(r) = -\frac{a}{r^m} + \frac{b}{r^n}$$

ここで，$m = 1$ のとき，クーロン（Coulomb）ポテンシャル（静電ポテンシャル），$m = 6$ のとき，ファンデルワールス（van der Waals）ポテンシャルである．固体の単位体積を V とすると，V は原子間距離 r を用いて以下のように表すことができる．

$$V = \alpha r^3 \quad \text{したがって,} \quad r^m = \left(\frac{V}{\alpha}\right)^{\frac{m}{3}}$$

この関係式から，結合ポテンシャルは以下のように表すことができる．

$$\Phi(r) = -\frac{a}{r^m} + \frac{b}{r^n} = -a\alpha^{\frac{m}{3}}V^{-\frac{m}{3}} + b\alpha^{\frac{n}{3}}V^{-\frac{n}{3}} \equiv -AV^{-\frac{m}{3}} + BV^{-\frac{n}{3}}$$

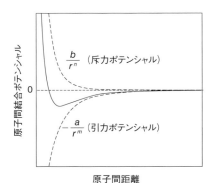

図 5.1　結合ポテンシャルの引力と斥力の和による表現

5.3 バーチ・マーナハンの状態方程式と結合ポテンシャル

この関係式から，圧力 P は次のように表すことができる．

$$P = -\frac{\partial \Phi}{\partial V} = -A\frac{m}{3}V^{-\frac{m+3}{3}} + B\frac{n}{3}V^{-\frac{n+3}{3}}$$

$P = 0$ のとき，$V = V_0$ とすると，

$$A\frac{m}{3}V_0^{-\frac{m+3}{3}} = B\frac{n}{3}V_0^{-\frac{n+3}{3}} \qquad よって，\quad A = B\frac{n}{m}V_0^{\frac{m-n}{3}}$$

さらに，体積弾性率は

$$K = -V\frac{\partial P}{\partial V} = -V\frac{\partial\left(-A\frac{m}{3}V^{-\frac{m+3}{3}} + B\frac{n}{3}V^{-\frac{n+3}{3}}\right)}{\partial V}$$

$$= -V\left(A\frac{m}{3}\frac{m+3}{3}V^{-\frac{m+6}{3}} - B\frac{n}{3}\frac{n+3}{3}V^{-\frac{n+6}{3}}\right)$$

$P = 0$ のとき，$K = K_0, V = V_0$

$$K_0 = -V_0\left(A\frac{m}{3}\frac{m+3}{3}V_0^{-\frac{m+6}{3}} - B\frac{n}{3}\frac{n+3}{3}V_0^{-\frac{n+6}{3}}\right) = B\frac{(n-m)n}{9V_0}V_0^{-\frac{n}{3}}$$

$$よって，\quad B = \frac{9K_0}{(n-m)n}V_0^{\frac{n+3}{3}}$$

$$A = B\frac{n}{m}V_0^{\frac{m-n}{3}} = \frac{9K_0}{(n-m)n}V_0^{\frac{n+3}{3}}\frac{n}{m}V_0^{\frac{m-n}{3}} = \frac{9K_0}{(n-m)m}V_0^{\frac{m+3}{3}}$$

$$P = -A\frac{m}{3}V^{-\frac{m+3}{3}} + B\frac{n}{3}V^{-\frac{n+3}{3}}$$

$$= -\frac{3K_0}{(n-m)}V_0^{\frac{m+3}{3}}V^{-\frac{m+3}{3}} + \frac{3K_0}{(n-m)}V_0^{\frac{n+3}{3}}V^{-\frac{n+3}{3}}$$

$$= \frac{3K_0}{(n-m)}\left\{\left(\frac{V_0}{V}\right)^{\frac{n+3}{3}} - \left(\frac{V_0}{V}\right)^{\frac{m+3}{3}}\right\}$$

この式を 2 次のバーチ・マーナハンの状態方程式と比較すると，

$$P = \frac{3}{2}K_0\left\{\left(\frac{V_0}{V}\right)^{\frac{7}{3}} - \left(\frac{V_0}{V}\right)^{\frac{5}{3}}\right\} \qquad よって，\quad m = 2,\ n = 4$$

$$K_0' = \frac{m+n+6}{3} = 4$$

すなわち，2 次のバーチ・マーナハンの状態方程式は，$m = 2, n = 4$ のポテンシャルをもつ固体結晶の圧縮を意味することになる．

35

第6章 地球内部を解明するための高圧研究

地球内部は高温高圧の世界である．地球内部を解明するためには，高温高圧条件を実験的に再現し，そこでの物質の振る舞いを明らかにする必要がある．このような目的のために，高温高圧発生技術の開発と実用化，そして，高温高圧下での，物質合成，化学反応，相転移・相平衡の解明，物性測定などの研究が地球科学の分野において発展してきた．このような研究で培われた装置，技術，実験手法は，現在では物理学，化学，材料科学など関連分野の研究にも応用されている．

地球の構造とダイナミクスを解明するために，地震波速度や電気伝導度などの観測，野外の地形や地質の調査，天然の試料の採取と分析などの手法が用いられている．地球内部の地震波速度分布や電気伝導度分布などの観測量を解釈するためには，地球内部の高温高圧条件を再現し，そこでの地球物質の物性を解明することが不可欠である．地球の内部を解明するために，高温高圧を発生しそのもとでの物質の構造や物性を明らかにする実験的研究や，第一原理計算に基づく計算物理学的研究が行われてきた．近年，地球内部の物質科学研究においては，放射光によるX線および加速器によるパルス中性子線など，強力な量子ビームを導入することによって，高温高圧下での物質の振る舞いを，直接その場で観察する方法が開発実用化された．このような研究によって，地球内部における物質の振る舞いについての理解が格段に進んだ．また，地球内部研究への計算物理学の導入も急速に進み，分子動力学法から第一原理計算を用いた数値シミュレーションによって，マントルや核の構成物質の結晶構造や物性値

6.2 静的圧力発生法

表 6.1　圧力の単位の換算表

	bar	Pa（N m^{-2}）	kg cm^{-2}	atm	lb in^{-2}
1 bar	1	10^5	1.01972	0.98692	14.5038
1 Pa（N m^{-3}）	10^{-5}	1	1.01972×10^{-5}	0.98692×10^{-5}	14.5038×10^{-5}
1 kg cm^{-2}	0.98067	0.98067×10^5	1	0.96784	14.2234
1 atm	1.01325	1.01325×10^5	1.03323	1	14.696
1 lb in^{-2}	0.068947	0.068947×10^5	0.070307	0.068046	1

が計算されるようになった．地球内部物質の計算物理学については，本シリーズ第 11 巻『結晶学・鉱物学』を参照されたい．

　本章では，地球内部の温度と圧力を再現し，そこでの地球物質の状態を解明する手段として用いられている高圧技術の現状について学ぶ．

6.1　圧力の単位

　圧力の単位には，atm（気圧），bar（バール），mmHg，kgf cm^{-2} など，多くの種類が用いられている．これらの間の換算関係を表 6.1 に示す．現在では SI 単位系の Pa（パスカル）が圧力の基本単位として採用されている．1 Pa = 1 N m^{-2} であり，10^5 Pa = 1 bar，1 atm = 1.013 bar の関係がある．Pa は非常に小さい単位であるので，たとえば大気の圧力には hPa（100 Pa，ヘクトパスカル，1 atm = 1013 hPa）が用いられ，地球内部に関係する高圧実験には MPa（10^6 Pa，メガパスカル）や GPa（10^9 Pa，ギガパスカル）が用いられている．

6.2　静的圧力発生法

　高温高圧を発生する方法は大きく分けると 2 つに区分される．第一は静的な，第二は動的な高圧発生法である．静的圧力には，等方的な流体圧（ガス圧，液体圧）と非等方的な固体圧がある．一般に気体物質は高圧下で，液体からさらに固体に転移する．したがって，地殻，マントル，核に相当する静的圧力の実現は，固体圧の発生によるものである．固体圧の発生には，試料部に荷重（F）を加え，単位面積あたりの力としての圧力（$P = F$（力）$/S$（面積））を加えるものである．一定の力 F を加えても加圧面積 S を小さくすれば，装置の強度の

37

第 6 章　地球内部を解明するための高圧研究

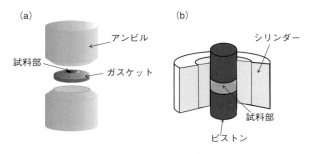

図 6.1　ブリッジマンアンビル高圧装置（a）とピストンシリンダー高圧装置（b）

限界までの高い圧力を発生することができる．

高圧装置の圧力発生部分には，強度の大きな材料である超硬合金コバルト（Co）の接着材入りの炭化タングステン（WC）が用いられる．一般に超硬合金の強度は約 3 GPa 程度であるが，この合金を用いた高圧装置は 3 GPa をはるかに超える高圧力を発生することができる．また近年，この超硬合金よりも強度の大きい材料としてダイヤモンド粉末や窒化ホウ素（BN）粉末の焼結体も用いられている．

代表的な高圧装置として，**ブリッジマンアンビル高圧装置**（Bridgman anvil cell）と**ピストンシリンダー高圧装置**（piston cylinder apparatus）を図 6.1 に示す．多くの高圧発生装置においては，材料の強度を超えた高圧条件の発生に成功している．装置を破壊せずにその材料強度以上の圧力を発生するには，材料に加わる差応力が材料の強度を上回らないことが条件になる．このような条件を満たす圧力発生原理は Bridgman（写真 6.1）によって解明されている．

6.2.1　圧力発生原理

最も単純な高圧発生装置であるブリッジマンアンビル高圧装置を用いて，図 6.2 で増圧原理を説明しよう．この装置は，上下 2 つのアンビルで試料部を加圧するという単純な機構を有している．ブリッジマンアンビルの形状は，小さい加圧面積に対して，力を加える底面が大きくなっている．このような形状による増圧効果を（1）**マッシブサポート**（massive support，**質量支持**）**効果**とよんでいる．底面の加圧方法について中心部よりも外周部により大きな圧力を加えることによって，アンビルの強度を増加させることもできる．このような加圧

6.2 静的圧力発生法

写真 6.1 Percy Williams Bridgman（1882～1961 年）（http://www.nobelprize.org/nobel_prizes/physics/laureates/1946/bridgman-bio.html）
米国の物理学者である．高圧の研究で，1946 年ノーベル物理学賞を受賞した．受賞理由は「超高圧装置の発明と高圧物理学の研究」．

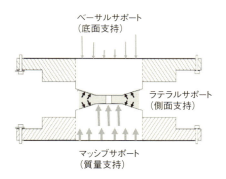

図 6.2 圧力発生原理
材料強度よりも高い圧力を発生するために，マッシブサポート（質量支持）効果，ラテラルサポート（側面支持）効果，ベーサルサポート（底面支持）効果の増圧原理が存在する．

効果を（2）**ベーサルサポート**（basal support，**底面支持**）効果とよんでいる．さらに，そこでアンビル先端に圧力が発生すると，アンビルの先端が膨らむ変形が生じる．このアンビル先端の変形を抑えるために，図のような側面支持を行うことによってより高い圧力を発生させることができる．このような支持効果を（3）**ラテラルサポート**（lateral support，**側面支持**）効果とよんでいる．ブリッジマンアンビル高圧装置では，試料を包み込んで圧力を伝達する圧力媒体，

39

第 6 章　地球内部を解明するための高圧研究

さらにラテラルサポートを加えるためにガスケットを用いることによって，アンビルの強度よりも高い圧力を発生することが可能になっている．

6.2.2　さまざまな高圧装置

　ブリッジマンアンビル装置では，装置の材料として超硬合金を使用して，約 15 GPa 程度の圧力の発生が可能になった．オーストラリア国立大学の Ringwood は，この装置をいち早く導入し，カンラン石の多形であるウォズレアイト（変形スピネル）やリングウッダイト（スピネル）への相転移を解明し，410 km 不連続面がカンラン石のウォズレアイトへの相転移（カンラン石–スピネル転移）に対応することを明らかにした．同時期に東京大学物性研究所の秋本俊一もカンラン石のカンラン石–スピネル転移を明らかにし，この二人の研究者によって，ほぼ同時に 410 km 不連続面が解明された（Ringwood and Major, 1966; Akimoto and Fujisawa, 1966）．秋本らはこのオリビン–スピネル転移の研究に，当時ダイヤモンドの合成に用いられていたテトラヘドラルアンビル高圧装置を用いた．ブリッジマンアンビル高圧装置は，その超硬アンビル部分を単結晶のダイヤモンドに置き換えた**ダイヤモンドアンビル高圧装置**（diamond anvil cell）に発展し，地球の核の圧力をカバーできる優れた高圧装置として，地球深部を研究する際に最も重要な装置のひとつとなっている．

　ブリッジマンアンビル高圧装置を改良して，アンビル面に同心円状の溝を設けた**トロイド型高圧装置**（troid type high-pressure device）が，ロシア（旧ソ連）の研究者によって開発されている．この装置は，より大きな体積に圧力を発生することができ，中性子回折用に改良され "パリ・エジンバラセル（Paris-Edinburgh cell）" というニックネームでよばれている．この装置を図 6.3 に模式的に示す．

　地球科学の分野で広く用いられている高圧発生装置としては，ピストンシリンダー高圧装置，**川井型マルチアンビル高圧装置**（Kawai-type multianvil apparatus），そしてダイヤモンドアンビル高圧装置などがある．図 6.1b に示したピストンシリンダー高圧装置は，円柱状のピストンをシリンダーに押し込む最も単純な構造をしている．この装置では，シリンダー中に圧力を伝達する圧力媒体を入れ，ピストンによってそれを加圧する．圧力媒体内に発生する圧力は，ピストンとシリンダーの間の摩擦が無視できるならば，ピストンにかける力をピストン断面積で割れば，求めることができる．しかし，ピストンシリンダー高圧

40

6.2 静的圧力発生法

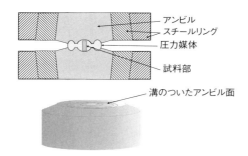

図 6.3　トロイド型高圧装置（角谷，2009）

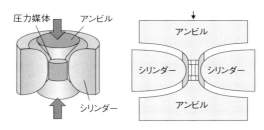

図 6.4　ベルト型高圧装置（角谷，2009）

装置ではシリンダーの耐圧性から，発生圧力は約 3 GPa が常用で可能な圧力限界である．シリンダーを上下から押し込む機構などをつけると，さらに発生圧力が向上する．このような機構をもつものを**ケネディ型ピストンシリンダー高圧装置**（Kennedy type piston cylinder apparatus）とよぶ．ダイヤモンドの焼結体など超硬合金よりも強度の大きな材料を用いると 7 GPa に及ぶ高圧が発生可能との報告もある．ピストンやシリンダーにラテラルサポートを加えてより高圧の発生を工夫した装置として，**ベルト型高圧装置**（belt type high-pressure apparatus）が存在する．この装置を模式的に図 6.4 に示す．この装置はダイヤモンドの合成によく用いられている（角谷，2009）．

　超硬合金製のアンビルを用いてより高い圧力を発生させるために，アンビルの数を増やした**マルチアンビル高圧装置**（multianvil high-pressure apparatus）が広く用いられている．アンビルの数が 4 つのマルチアンビル高圧装置を**テトラヘドラルアンビル高圧装置**（tetrahedral anvil high-pressure apparatus）とよぶ．この装置の加圧部分である圧力媒体は正四面体（テトラヘドロン）の形状を

第 6 章　地球内部を解明するための高圧研究

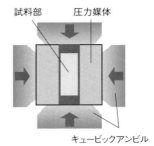

図 6.5　キュービックアンビル高圧装置（角谷, 2009）

もっている．また，アンビル数が 6 つのマルチアンビル高圧装置が，**キュービックアンビル高圧装置**（cubic anvil high-pressure apparatus）（図 6.5）である．この装置では，立方体の圧力媒体を 6 方向から均等に加圧することによって，圧力媒体中に静水圧に近い圧力（準静水圧）を発生させることができる．アンビル先端面を小さくすることによって，発生できる最高圧力が向上する．このタイプの高圧装置は，中性子ビームを導入する J-PARC（Japan Proton Accelarater Research Complex, 大強度陽子加速器施設）において超高圧中性子回折装置ビームライン（PLANET）に設置されており"圧姫"と名づけられている．

　現在，大型高圧装置として最も普及している装置は，川井型マルチアンビル高圧装置である．この装置の模式図を図 6.6 に示す．この装置は第一段目のキュービックアンビル（分割球ガイドブロック）と第二段目の 8 個の超硬アンビル（図 6.6 中の MA8）からなる．この装置によって，超硬アンビルを用いて 40 GPa までの圧力の発生，焼結ダイヤモンドアンビルを用いて 100 GPa までの超高圧の発生が可能になっている．川井型マルチアンビル高圧装置は，大阪大学の川井直人をリーダーとするグループによって発明，開発され，その後，ガイドブロックの機構や第二段目のアンビルの材質，ガスケット材など数々の改良が行われ現在に至っている．これらの高圧装置においては，一般的にグラファイトがヒーター材として用いられてきた．しかしながら 5～6 GPa 以上では高温ではグラファイトがダイヤモンド化し，安定な高温条件が得られない．このようなグラファイトヒーターの欠点を改善するために，ヒーター材としてランタンクロマイト（$LaCrO_3$），ホウ素（B）を不純物として含ませた半導体ダイヤモン

6.2 静的圧力発生法

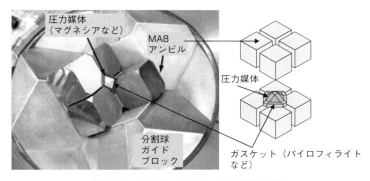

図 6.6 川井型マルチアンビル高圧装置

ド,レニウム (Re) 箔などを用いたヒーターが開発され用いられている.

ブリッジマンアンビル高圧装置は,超硬製のアンビルを最も固い単結晶ダイヤモンドに置き換えたダイヤモンドアンビル高圧装置に発展した.ダイヤモンドアンビル高圧装置は,レニウムやステンレス鋼などの薄板をガスケット材に用い,アンビル先端にラテラルサポートを加えることによって,超高圧の発生を可能にしている.この装置を用いて,先端 30〜50 μm のアンビルを用いて,地球中心部に相当する 300 GPa に及ぶ超高圧の発生が可能になっている.ダイヤモンドアンビルを用いた超高圧条件での高温発生には,(1) 外熱法と (2) レーザー加熱法,(3) ヒーターを試料部に組み込む内熱法が存在する.**外熱加熱法** (external heating method) においては,ダイヤモンドアンビルの外周をモリブデン (Mo) 線などのヒーター材によって加熱し,高温の発生を可能にしており,ダイヤモンドアンビル表面に設置した熱電対によって試料の温度測定が行われている.この外熱式ダイヤモンドアンビル高圧装置では,1000〜1300 K 程度の高温の発生も可能になっている.これ以上の高温を発生するためには,YAG レーザー,CO_2 レーザーなど各種のレーザーによる**レーザー加熱法** (laser heating method) が用いられており,この方法を用いて 5000 K を超える高温の発生が可能になっている.加熱される試料部の温度分布を改善するために,上下のダイヤモンドからレーザー光を導入する**両面レーザー加熱ダイヤモンドアンビル** (double sided laser heating diamond anvil cell) が一般的に用いられている.温度測定は輻射温度計を用いて行われている.高温高圧を発生する外熱

第 6 章　地球内部を解明するための高圧研究

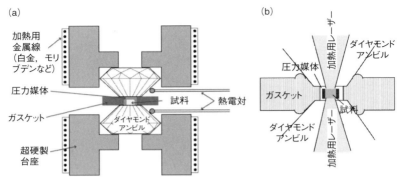

図 6.7　ダイヤモンドアンビル
(a) 高温高圧を発生する外熱式ダイヤモンドアンビル（Bassett, 2003）．
(b) 両面レーザー加熱ダイヤモンドアンビル（Mao and Hemley, 1998）．

式ダイヤモンドアンビルおよび両面レーザー加熱ダイヤモンドアンビルの模式図を図 6.7 に示す．ダイヤモンドアンビルの試料部にヒーターを組み込む試みも行われており，ヒーターとして白金（Pt）線などの金属線やホウ素を含ませた半導体ダイヤモンド焼結体なども使用されている．

6.2.3　圧力標準と状態方程式

上記のような高圧装置を用いて高圧を発生することができるが，発生した圧力を評価するために，圧力の標準が必要である．状態方程式に基づいた標準物質の高圧下での体積が圧力の標準になる．状態方程式すなわち物質の高温高圧下での体積 $V = F(P,T)$ が求められるならば，体積 V と温度 T が決まれば圧力値を見積もることができる．

圧力の標準物質には，高圧まで柔らかく，体積に対する圧力の効果が明瞭な物質が必要になる．また，相転移による結晶構造の変化がなく，広い圧力範囲で同じ結晶構造をもつ物質が重要になる．このような物質として，塩化ナトリウム（NaCl）などのイオン結晶や白金や金（Au）など金属が圧力標準に用いられている．圧力標準を求めるには以下のような方法がある．第一の方法は，衝撃波実験を用いるものである．衝撃波実験では，衝撃波速度や粒子速度を精密に測定することによって，衝撃条件での体積と圧力の関係が得られる．これをランキン・ユゴニオの状態方程式（Rankine-Hugoniot equation of state）と

いう．この状態方程式を圧力標準に必要な等温の状態方程式に補正して圧力標準に用いる．第二の方法としては，第一原理計算や分子動力学法を用いた体積と圧力の関係式を用いるものである．分子動力学法を用いる場合には，弾性定数，比熱，熱膨張などの物性定数を説明する最適なポテンシャルのパラメータを決定して，体積と温度・圧力関係を求めている．

6.2.4 絶対圧力標準

酸化マグネシウム（MgO），NaCl，Pt などの標準物質の密度と音速 V_P, V_S を同時に測定することができれば，圧力やその他の物性定数についての仮定なしに体積と圧力の関係を得ることができる．この方法は**絶対圧力標準**（1次圧力標準，primary pressure scale）といわれている．高圧下で X 線回折実験を行うと物質の体積 V すなわち密度 ρ を決定できる．同じ圧力条件で音速 V_P および V_S を決定すると，測定した密度を用いて断熱体積弾性率 K_S を決定することができる．この K_S を補正することによって等温断熱圧縮率 K_T を決定することができる．等温体積弾性率 K_T と断熱体積弾性率 K_S の間には $K_T = K_S/(1 + \alpha\gamma T)$ の関係がある．このように高圧下における密度 ρ と断熱体積弾性率 K_S が，圧力値なしに決定することができると，$K_T = \rho(\delta P/\delta\rho)_T$ を積分することによって，密度と圧力の関係，すなわち圧縮曲線（状態方程式）を決定することができる．この操作によって，既存の圧力標準に基づいた圧力値をまったく用いていない状態方程式を決定できることになる．この方法で MgO の音速が**ブリルアン散乱法**（Brillouin scattering spectroscopy）で決定され，X 線回折法で体積（密度）を決定して MgO の状態方程式が求められている（Zha *et al.*, 2000; 河野, 2010）．このようにして求めた MgO の状態方程式は，同時測定の精度上の問題があり，MgO の圧力スケールとしては今のところあまり用いられていない．今後，高精度の密度と音速の同時測定が行われれば，将来的には絶対圧力標準として大変有望な方法である．

6.2.5 その他の圧力標準

すでに述べた圧力標準以外に，この標準に基づいた圧力の2次的な標準も提案されている．代表的なものとして，Piermarini らによって提案された**ルビー蛍光法**（ruby fluorescence method）がある（Piermarini *et al.*, 1975）．この方

第 6 章　地球内部を解明するための高圧研究

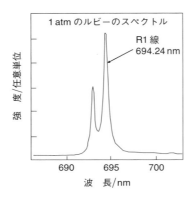

図 6.8　圧力標準としてのルビー蛍光のスペクトル（Mao et al., 1986）

法は，ルビーの蛍光の R1 線の圧力変化に基づいて圧力を決める方法である．ルビー蛍光のスペクトルを図 6.8 に示す．ルビーの蛍光の圧力依存性は，以下のような式で表すことができる．高圧地球科学分野では主として Mao らによる以下の式が用いられている（Mao et al., 1986）．すなわち，

$$P = 1904 \times \frac{(\lambda/\lambda_0)^{7.715} - 1}{7.715}$$

ここで λ および λ_0 はそれぞれ測定圧力および常圧でのルビー蛍光の R1 線の波長である．

　この方法は，ルビーの蛍光が非常に強く，測定が比較的簡便なことから，分光学的研究に適しているダイヤモンドアンビル高圧装置の圧力測定に盛んに用いられている．しかしながら，高温において蛍光のスペクトルがブロードになり，また波長が大きく移動するために，高温における圧力測定には不適当である．高温での圧力の見積もりには，蛍光スペクトルの温度依存性が小さいサマリウム (Sm) をドープした YAG 結晶（Sm:YAG）（Yusa et al., 1994）からの蛍光や，Sm をドープしたホウ酸ストロンチウム（SrB_4O_7:Sm^{2+}）（Datchi et al., 1997）からの蛍光が用いられることがある．

　NaCl，Pt，Au の圧力標準に基づいて，塩化カリウム（KCl）や MgO の状態方程式を決定し，これを 2 次的な圧力標準として使用する場合がある．状態方程式を決定するには，高圧下での X 線回折実験を行う必要がある．しかしながら，放射光を用いない通常の実験室での実験においては，圧力の決定が困難で

6.2 静的圧力発生法

表 6.2 室温の圧力定点

圧力定点物質と相転移	転移圧力/GPa	引用文献
Bi (I→II)	2.55	Dunn and Bundy, 1978
Ba (I→II)	5.5	Dunn and Bundy, 1978
Bi (III→V)	7.7	Dunn and Bundy, 1978
Ba (II→III)	12.3	Dunn and Bundy, 1978
ZnS　半導体-金属転移	15.5	Dunn and Bundy, 1978
GaAs　半導体-金属転移	18.3	Dunn and Bundy, 1978
GaP　半導体-金属転移	23	伊藤, 2003
Zr　ω–β 転移	33	Dunn and Bundy, 1978

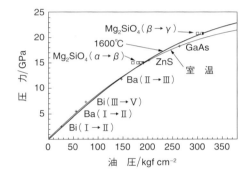

図 6.9　室温での圧力定点および高温での圧力定点（赤荻・糀谷, 2010）
酸化物やケイ酸塩鉱物の相境界も高温での圧力定点となる．詳細は表 6.2 および表 6.3 を参照．

表 6.3　高温の圧力較正に用いられる鉱物の相境界

物　質	相転移	相転移境界 P/GPa, T/℃	引用文献
SiO_2	石英-コーサイト	$P = 2.38 + 0.00069T$	Bose and Ganguly, 1995
Fe_2SiO_4	α–γ	$P = 2.75 + 0.0025T$	Yagi et al., 1987
$CaGeO_3$	ザクロ石-ペロブスカイト	$P = 6.9 - 0.0008T$	Susaki et al., 1985
TiO_2	ルチル-αPbO_2	$P = 3.5 + 0.0038T$	Akaogi et al., 1992
SiO_2	コーサイト-スティショバイト	$P = 6.1 + 0.0026T$	Zhang et al., 1996
Mg_2SiO_4	α–β	$P = 9.3 + 0.0036T$	Morishima et al., 1994
Mg_2SiO_4	β–γ	$P = 10.3 + 0.0069T$	Suzuki et al., 2000
Mg_2SiO_4	γ-分解	$P = 25.12 - 0.0013T$	Fei et al., 2004
$MgSiO_3$	アキモトアイト-ブリッジマナイト	$P = 27.6 - 0.0029T$	Ono et al., 2001

第 6 章　地球内部を解明するための高圧研究

ある．そのために，高圧で起こる数々の相転移圧力が上記の圧力標準に基づいて精密に決定され，これらも圧力標準として用いられている．室温高圧での圧力定点の例を表 6.2 および図 6.9 に示す．また，高温高圧でのケイ酸塩鉱物の相境界も高温での圧力定点に用いられることがある．それらの例を表 6.3 および図 6.9 に示す．

6.3　　**動的圧力発生法**

　超高圧の発生方法の 1 つとして，衝撃波によって動的に高圧を発生する方法がある．衝撃波を発生する方法には，爆薬によって衝撃波を発生する**爆薬法**（explosive method），圧縮ガスや火薬の燃焼を推進力として飛翔体を加速し試料に衝突させ衝撃波を発生する**飛翔体衝突法**（projectile collision）が存在する．飛翔体の加速には，圧縮ガスや火薬の燃焼ガスの膨張によって飛翔体を加速する一段式軽ガス銃や 2 段式軽ガス銃などが一般的に用いられている．また，近年高強度パルスレーザーを利用する衝撃波の発生実験も行われている（関根，2004）．これはレーザーの照射によって，照射面においてプラズマの発生とともに固体表面の構成物質が爆発的に放出され（アブレーション）この現象によって衝撃波を発生する方法であり，**レーザー衝撃波法**（laser shock）とよばれている．これらの衝撃波圧縮実験では，ナノ秒（ns）からマイクロ秒（μs）の速い衝撃波の立ち上がりをもち，固体の弾性限界を超える圧力パルスによって，静水圧に近い圧縮状態が得られる．圧力の持続時間は，数 μs 程度であり，100 GPa を超える超高圧条件を実現することができる．

　衝撃波状態を記述する状態方程式はランキン・ユゴニオの状態方程式（6.2.3 項参照）とよばれている．このような衝撃をうけた状態は特殊な圧縮状態であり，等エントロピーの断熱圧縮条件とは異なる．すでに圧力スケールの項（6.2.3 項）で述べたように，この状態方程式は熱力学的な解析によって，等温的な圧縮状態の状態方程式に引き直すことができ，これは圧力標準として用いられている（庄野，1982）．

48

第7章 高圧研究における放射光 X 線と中性子線の利用

近年放射光 X 線や強力な中性子線などの量子線が利用できるようになり，これらを用いて高温高圧発生装置の内部をその場（*in situ*）観察することが可能になっている．X 線や中性子線などの量子線は，地球内部物性研究にとって，高圧発生技術とともに不可欠な研究手段になっている．この方向の研究は，地球内部研究に今後さらに重要な役割を担うことが期待されている．ここでは地球内部を探るために用いられている量子線の特徴と量子線を用いた高温高圧下におけるその場観察実験について学ぼう．

7.1 放射光 X 線と物質の相互作用

ほぼ光速で直進する高エネルギーの電子または陽電子が磁場中を運動すると磁場によって軌道を曲げられ，軌道の接線方向に光（電磁波）を出す．この現象をシンクロトロン放射とよび，そのとき放出される光を**放射光**（synchrotron radiation）とよぶ．放射光は，図 7.1 に示すように meV（ミリ電子ボルト，マイクロ波）から MeV（メガ電子ボルト，X 線）までの幅広い連続スペクトルをもっている．放射光は指向性がよく，偏光しており，真空紫外から X 線に至る波長領域の優れた光源として物性研究を含む幅広い分野で用いられている．

放射光 X 線と物質の相互作用を図 7.2 に示す．放射光 X 線が物質に当たると光電子の放出，蛍光 X 線の放出，X 線の透過と吸収，X 線の回折と散乱などさまざまな相互作用をする．これらの相互作用を計測することによって，物質の

第 7 章　高圧研究における放射光 X 線と中性子線の利用

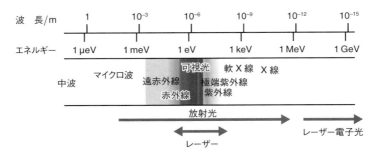

図 7.1　電磁波のエネルギーと放射光（SPring-8（放射光）施設による放射線利用 (08-04-01-07) を一部改編）
放射光は meV（マイクロ波）から MeV（X 線）までの幅広い連続スペクトルをもつ．

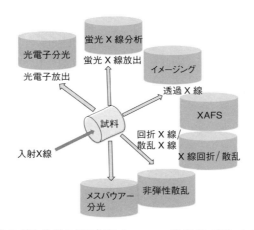

図 7.2　放射光 X 線と物質の相互作用（SPring-8（放射光）施設による放射線利用 (08-04-01-07) を一部改編）

酸化状態や結合状態などの情報を得る光電子分光，物質の化学組成の情報を得る蛍光 X 線分析，吸収と透過の程度に基づくイメージング，近接原子の状態を解明できる XAFS，結晶構造やフォノン物性を解明できる X 線回折，X 線散乱（非弾性散乱，メスバウアー（Mössbauer）分光を含む）を行うことができる．以下では，高温高圧下での測定が行われている X 線回折，XAFS，イメージングについて述べる．

7.1 放射光 X 線と物質の相互作用

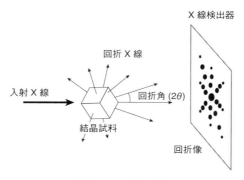

図 7.3　X 線回折

7.1.1　X 線回折

X 線を結晶に照射すると，**ブラッグの条件**（Bragg's law）$2d\sin\theta = n\lambda$ を満足する場合に，X 線の回折が起きる（図 7.3）．ここで θ は入射角，d は格子面間隔，λ は X 線の波長，n は整数である．この回折像から結晶構造に関する情報が得られる．結晶構造は物質の性質を決める基本的な情報である．X 線回折法は地球内部の物質科学研究でも最も盛んに使用されている実験手法であり，核の温度・圧力条件（$> 135\,\mathrm{GPa}$, $> 3000\,\mathrm{K}$）においても X 線回折実験によって，地球核を構成する鉄合金の高温高圧下での結晶構造の決定も行われている．

X 線回折実験には，ブラッグの条件において，X 線の波長（エネルギー）を一定にした単色 X 線を用いて回折 X 線の回折角 2θ を測定する**角度分散法**（angular dispersion method）と回折角度を固定し，さまざまなエネルギー（波長）の X 線を同時に検出する**エネルギー分散法**（energy dispersion method）が存在する．角度分散法では X 線の検出器にはイメージングプレートなどの 2 次元検出器が用いられるのに対して，エネルギー分散法ではケイ素（Si）などを使用した**固体検出器**（solid state detector：SSD）が用いられる．

7.1.2　XAFS

XAFS（ザフス）は，**X 線吸収微細構造**（X-ray absorption fine structure）の略語である．この手法はさらに **X 線吸収端近傍構造**（X-ray absorption near edge structure：XANES）と**広域 X 線吸収微細構造**（extended X-ray absorption

第 7 章　高圧研究における放射光 X 線と中性子線の利用

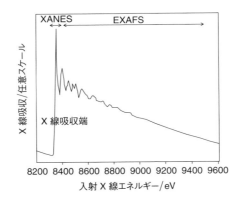

図 7.4　XAFS（X 線吸収微細構造）(SPring-8 website, XAFS（ザフス）—手法と事例—)

fine structure：EXAFS）に分けることができる．X 線を物質に照射すると，X 線の一部は物質に吸収される．入射エネルギーを変化させて，物質による吸収を測定すると，吸収率が急激に変化するエネルギー領域が存在する．この部分を X 線吸収端という（図 7.4）．吸収端近くの吸収スペクトルは XANES とよばれ，この部分の解析から，試料中の特定元素の電子構造に関する情報が得られる．他方，吸収端から右側の吸収率の変動部分は EXAFS とよばれ，特定の原子の周囲の構造に関する情報が得られる．

7.1.3　イメージング

放射光 X 線を用いて物質内部の透視画像を得るものである．物質内部の X 線の透過率の違いによって，物質の内部構造のイメージが得られる．図 7.5 は，粘性を測定するために，メルト中を落下する密度マーカーの白金（Pt）球のイ

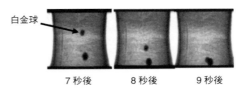

図 7.5　イメージング（Terasaki et al., 2006）
物質内部の X 線の透過率の違いによって，物質内部の内部構造のイメージが得られる．

メージを得たものである.このイメージから球の落下速度が得られ,マーカーとメルトの密度差と落下速度から,ストークス (Stokes) の法則を用いてメルトの粘性を決定することができる.

7.2 中性子線の利用

放射光 X 線と同様に中性子線も高温高圧その場観察実験に用いられている.中性子線の線源としては以下の 2 種類のものが使用されている.第一は原子炉からの中性子を用いるもの,第二は陽子加速器によって陽子ビームをターゲットの原子に衝突させ,その衝突によって生じるさまざまな粒子のうち中性子線を使用するものである.後者は J-PARC (Japan Proton Accelerator Research Complex) において行われている.

中性子線と X 線のさまざまな元素に対する散乱能の違いを図 7.6 に示す.散乱能が大きい元素は,結晶構造中にその元素が存在する場合にその元素の情報を得ることができる.この図から明らかなように,水素 (H) や重水素 (D) の中性子線の散乱能は X 線の散乱能に比べて非常に大きい.すなわち,中性子線によって,水素や重水素,酸素 (O) などの軽元素の結晶構造中の位置情報を得ることができる.

高温高圧において,中性子線を用いる実験には,**中性子線回折** (neutron diffrac-

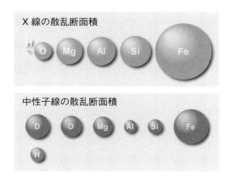

図 7.6　X 線と中性子線に対する各元素の散乱断面積の違い (高エネルギー加速器研究機構 web ページ)

第 7 章　高圧研究における放射光 X 線と中性子線の利用

tion），**中性子イメージング**（neutron imaging）などがある．とくに中性子線回折実験によって，水素や重水素を含む化合物の高温高圧下での結晶構造，構造相転移，マグマ中の水の研究などを行うことができる．

第8章 高圧下における地球内部物性の解明

高圧下での地球内部物質の密度と弾性的性質の解明は，地球内部物性研究において最も重要な分野である．また，地震学的な情報とともに，地球内部の電気伝導度の分布，**地殻熱流量**（terrestrial heatflow）の分布も重要な観測量である．本章では，これらの地球物理学的な観測量を解釈するために不可欠な，高圧下における物性測定について学ぶ．また，地球内部物質の弾性的性質について概観する．

8.1 高圧下における密度と弾性の測定

地球内部物質の弾性的性質を決定するには，（1）X線回折法，（2）超音波法，（3）ブリルアン散乱法，（4）X線非弾性散乱法とX線核共鳴非弾性散乱法，（5）衝撃波実験法などさまざまな方法がある．以下では，それらについて学ぼう．

8.1.1 高温高圧X線回折

この方法はX線回折実験によって，高温高圧下における鉱物の回折線のピークを測定し，その格子定数を決定するものである．X線を結晶に照射するとブラッグの条件を満足する場合にX線の回折が起きる（第7章参照）．この回折像から格子定数や格子体積などの結晶構造に関する情報が得られる．高温高圧下におけるX線回折実験によって鉱物の格子体積を測定し，鉱物の状態方程式を決定することができる．状態方程式においては，体積弾性率 K およびその圧

55

第 8 章 高圧下における地球内部物性の解明

力依存性 (K') および温度依存性 (dK/dT) をパラメータとしている．高温高圧 X 線回折実験によって得られる体積弾性率は，準静的な変化による実験結果であるので，等温体積弾性率 K_T である．現在では，この方法を用いて，地球核の温度・圧力条件 ($P > 135\,\mathrm{GPa}, T > 3000\,\mathrm{K}$) においても地球核を構成する鉄合金の結晶構造とともに，その状態方程式が決定されている．

入射 X 線としては，モノクロメータで単色化した X 線を用いる場合と白色 X 線を用いる場合がある．単色 X 線を用いる場合には，角度分散による光学系を用い，回折 X 線の検出にイメージングプレートまたは半導体アレイからなる CCD (charge coupled device) 検出器を用いることが多い．また，白色 X 線を

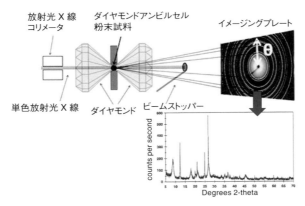

図 8.1 単色 X 線と角度分散法を用いる高温高圧 X 線回折実験 (Mao and Hemley, 1998)
この実験ではダイヤモンドアンビル高圧装置を用いている．

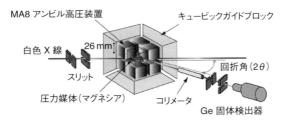

図 8.2 白色 X 線を用いるエネルギー分散法による高温高圧 X 線回折実験
この回折実験ではマルチアンビル高圧装置を使用している．

入射する場合には，エネルギー分散法による測定を行うために SSD（solid state detector，固体検出器）を用いる．図 8.1 と図 8.2 に，単色 X 線を用いる角度分散法による高圧 X 線回折実験と白色 X 線を用いるエネルギー分散法による回折実験の例を示す．

8.1.2 超音波法

超音波法（ultrasonic method）とは，物質内に数十メガヘルツの超音波を送り込み，それが伝播する速度を測定する方法である．この測定方法の例を図 8.3 に示す．この方法では，超音波を発生する素子と検出する素子が必要である．これらの素子を 2 つ用いる場合と，1 つの素子で代用する場合がある．このような素子は**超音波振動子**（トランスデューサー，transducer）とよばれている．このような素子は**圧電性**（piezoelectricity）をもっており，電圧をかけると機械的に歪むことによって振動を発生する．また，音波が到達することによって歪み，これによって電位差が生じる．超音波振動子として用いられる圧電性物質には，石英，トルマリン（電気石），ニオブ酸リチウム（$LiNbO_3$）の単結晶や

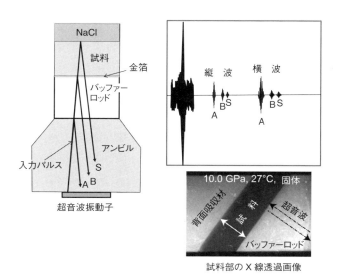

図 8.3　パルスエコー法による音速測定
X 線透過法によって試料長を正確に測定している．

第 8 章　高圧下における地球内部物性の解明

チタン酸バリウム（BaTiO₃）の多結晶体などがある.

　測定試料に超音波振動子を接着し，これに電圧を加えるとこれが歪む．それによって，振動子から試料に超音波を送り込むことができる．また，試料を伝播してきた超音波が超音波振動子に入射すれば，その歪みに応じた電圧がこの圧電素子にかかることになる．これをオシロスコープで測定することによって，超音波の到達を知ることができる.

　超音波法による音速（弾性波速度）の測定法には，大きく分けて，（1）パルス透過法，（2）パルスエコー法，（3）パルス干渉法の 3 つの方法がある．図 8.3 はパルスエコー法の例である．これらの方法で音速を精度良く測定するには，試料の長さを正確に決定することが非常に重要である．とくに高温高圧下での測定では，圧縮と熱膨張によって，試料の厚さ，形状が変化するので，いかに精度良く試料の長さを測定できるかが鍵になる．最近，放射光 X 線によるラジオグラフィ（X 線透過画像，図 8.3 参照）によって，試料長を正確に測定できるようになり，高温高圧下での精度良い測定が可能になっている（Nishida *et al.*, 2013）.

　超音波法は，通常数メガヘルツの超音波の伝播速度を測定するものである．数十マイクロメートルという非常に小さな試料を測定するには，さらに短い波長の超音波（数マイクロメートル）を使用する必要がある．波長の短いギガヘルツの超音波を用いる測定は**ギガヘルツ法**（gigaherz method）とよばれており，ダイヤモンドアンビルで加圧する微小試料の音速測定に用いられている（Spetzler, 1993; Jacobsen *et al.*, 2005）.

8.1.3　レーザー励起ピコ秒パルス法

　レーザー励起ピコ秒パルス法（picosecond acoustics）とは，ピコ秒の超短パルスレーザーを試料に照射すると，試料表面の温度上昇に伴うフォノンが伝播し，試料の他面で反射したフォノン振動を検出する方法である．この方法でフォノンの伝播速度，すなわち，弾性波速度が測定できる．この方法では伝搬方向に振動するフォノンの速度すなわち縦波速度が測定できる．この方法は 1980 年代に実用化されたものであるが，近年，ダイヤモンドアンビル高圧装置と組み合わせることによって，高圧下での金属の音速測定に用いられ始めている（Decremps *et al.*, 2015）.

8.1.4　ブリルアン散乱法

　光が媒質中に入射すると光の散乱が起こる．この散乱光は，入射光と同じ周波数をもつレイリー（Rayleigh）散乱光である．これに対して，**ブリルアン散乱光**（Brillouin scattering）は光と媒質内の音波（フォノン）との相互作用により生じる散乱光である．入射光は，物質内部の格子振動のフォノンにより散乱され，ドップラー効果による周波数変化とエネルギー変化に伴って音波を吸収し，放出する．入射光の周波数 ν_0 と散乱光の周波数 ν_s の差が**ブリルアン周波数シフト**（Brillouin frequency shift）とよばれ，散乱に寄与した音波の周波数と一致する．

　入射光と散乱光の角度を θ とすると，運動量とエネルギーの保存則から，

$$\nu_0 - \nu_s = \pm \left(\frac{2nV\nu_0}{c}\right) \sin\left(\frac{\theta}{2}\right)$$

の関係がある．ここに n は媒質の屈折率，c は真空中の光速，V は媒質中の音速である．散乱光の周波数が入射光の周波数よりも小さい場合，この散乱光を

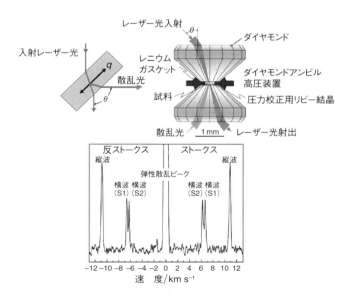

図 8.4　ブリルアン散乱法とダイヤモンドアンビル高圧装置を用いた高圧下での音速測定（村上，2010）

第 8 章　高圧下における地球内部物性の解明

ストークス光とよび，逆の場合を反ストークス光とよぶ．光を透過する物質に対しては，このような**ブリルアン散乱法**（Brillouin scattering spectroscopy）によって，弾性波速度が決定されている．近年，この測定にダイヤモンドアンビルを組み合わせて，高圧下での音速の測定が行えるようになっている．図 8.4 に，ダイヤモンドアンビルを用いたブリルアン散乱法の光学系と測定されるスペクトルを模式的に示す．

8.1.5　X 線非弾性散乱法

X 線の散乱を用いた音速測定法には，**X 線非弾性散乱法**（inelastic X-ray scattering：IXS）および X 線核共鳴非弾性散乱法（NIS または NRIXS，8.1.6 項参照）が存在する．図 8.5 に X 線非弾性散乱過程を模式的に示す．入射フォトンのエネルギーと波数ベクトルをそれぞれ $\hbar\omega$ および $\vec{k}_1$，散乱されるフォトンのエネルギーと波数ベクトルを $\hbar\omega_2$ および $\vec{k}_2$ とすると，この散乱プロセスに伴う移行エネルギーは $\hbar\omega = \hbar\omega_1 - \hbar\omega_2$ そして移行運動量は $h\vec{Q} = h\vec{k}_1 - h\vec{k}_2$ で表すことができる．非弾性散乱に伴う移行エネルギーは非常に小さく meV の桁になっている．このような小さなエネルギー差を検出するために，放射光施設には高分解能 X 線非弾性散乱ビームラインが設置されている．図 8.6 に，非弾性散乱のビームラインの一例を示す．Q 値（移行運動量）は散乱角 θ によって決まり，$Q = 2k_1 \sin(\theta/2)$ の関係式が成り立っている．

図 8.7 に高圧下で測定された**六方最密充塡構造**（hexagonal close packing：

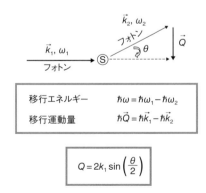

図 8.5　模式的に示した X 線非弾性散乱過程（Fiquet *et al.*, 2001）

8.1 高圧下における密度と弾性の測定

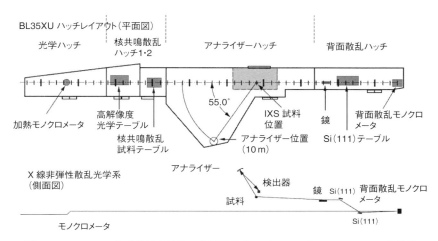

図 8.6 SPring-8 大型放射光施設の非弾性散乱のビームライン BL35XU の光学系
（SPring-8 大型放射光施設ホームページ）

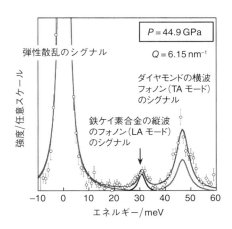

図 8.7 高圧下で測定された hcp–Fe の X 線非弾性散乱のスペクトル（Sakamaki et al., 2016）

hcp）の鉄の多結晶体の非弾性散乱のピークを示す．スペクトルは中央の弾性散乱ピークを中心にストークスと反ストークスの非弾性散乱ピークが観測されるが，この図ではストークスの非弾性散乱ピークのみを示している．縦波速度とブリルアンゾーンの端の Q 値，Q_{MAX}，は次のような正弦曲線の分散関係で表

61

第 8 章　高圧下における地球内部物性の解明

すことができる.

$$E\,[\mathrm{meV}] = 4.192 \times 10^{-4} V_\mathrm{P}\,[\mathrm{m\,s^{-1}}] \times Q_\mathrm{MAX}\,[\mathrm{n\,s^{-1}}] \times \sin\left[\frac{\pi}{2}\frac{Q\,[\mathrm{n\,s^{-1}}]}{Q_\mathrm{MAX}\,[\mathrm{n\,s^{-1}}]}\right]$$

(8.1)

すなわち,縦波速度 V_P は,この関係式の $Q = 0$ の付近におけるエネルギー(E)の勾配となる.E および Q の測定値を上式で近似することによって,縦波速度 V_P と Q_MAX を決定することができる.

近年,金などの単結晶の高圧下での X 線非弾性散乱測定が行われ,高圧下での弾性定数の決定が行われている(たとえば,Yoneda *et al.*, 2017).また,地球核の条件での金属鉄や鉄–軽元素合金の音速の測定も盛んに行われ,地球核の構成についての議論が行われている(たとえば,Antonangeli and Ohtani, 2015).X 線非弾性散乱法を用いた地球核物質の音速測定とその結果を用いた地球核の構成については,第 10 章「地球核の鉱物学」において詳細に紹介する.

8.1.6　X 線核共鳴非弾性散乱法

X 線核共鳴非弾性散乱法(nuclear resonant inelastic X-ray scatteing:NIS, NRIXS)は,高圧下にある ^{57}Fe を含む試料に放射光 X 線を入射し核共鳴非弾性散乱のシグナルを測定するものである.この方法は,物質中の同位体核種 ^{57}Fe からの核共鳴非弾性散乱を測定するものである.この方法によって**フォノンの状態の分布密度**(density of state of phonon:DOS)を測定することができる.金属鉄など ^{57}Fe を含む地球内部物質の音速を測定する有力な方法である.高圧の測定系の例を図 8.8 に示す.シグナルはガスケットを通して取得するために,ガスケット材には X 線の透過性の良いベリリウム(Be)を用いている.図 8.9 に高温高圧で測定した核共鳴散乱のシグナルの例を示す.この DOS の測定値にデバイモデル(Debye model)を適用することによって,デバイ近似によるデバイ音速 V_D を求めることができる.V_D は V_P および V_S を用いて,以下のように表されるので,体積弾性率 K_S と密度 ρ の値を用いて,物質の V_S および V_P を求めることができる.

$$\frac{3}{V_\mathrm{D}^3} = \frac{1}{V_\mathrm{P}^3} + \frac{2}{V_\mathrm{S}^3}$$

8.1 高圧下における密度と弾性の測定

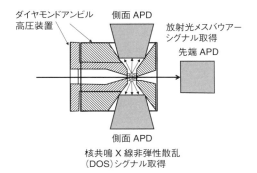

図 8.8 高圧下での核共鳴 X 線非弾性散乱法による音速測定(Mao *et al.*, 2001)
APD：アバランシェフォトダイオード検出器(Avalanche photodiode detector).

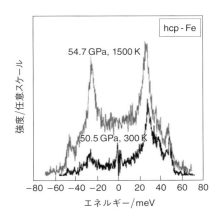

図 8.9 高温高圧下における ^{57}Fe の核共鳴 X 線非弾性散乱スペクトル(Sturhahn and Jackson, 2007)
図では弾性散乱シグナル E〜0 は除去している.

$$\frac{K_S}{\rho} = V_P^2 - \frac{4}{3}V_S^2$$

NRIXS は核共鳴散乱が測定できる同位体核種が限られている(^{57}Fe, ^{119}Sn, ^{83}Kr, ^{161}Dy, ^{151}Eu)という欠点はあるが，地球を構成する元素として重要な鉄については ^{57}Fe に対する測定が可能であり，hcp-^{57}Fe など地球核構成物質の高温高圧下での DOS の測定とそれに基づいて音速 V_D および V_S と V_P の決定が行われている.

第 8 章　高圧下における地球内部物性の解明

8.2　地球内部における電気伝導と熱伝導

8.2.1　電気伝導と地球内部の水

　マントルの電気伝導度分布は，地震波速度の分布とともに，地球内部の非常に重要な情報である．電気伝導度は温度によって大きく変化し，また，わずかなケイ酸塩マグマや流体の存在，鉱物中の水素の量によって大きく変化するからである．

　鉱物の電気伝導のメカニズムには，おもなものとして (1) 電気伝導を担うキャリアが鉄イオンの電子空孔である**ホッピング伝導**（hopping conduction），(2) マグネシウム (Mg) などの原子の空孔が電気伝導を担う**イオン伝導**（ionic conduction），(3) 格子間に存在する水素原子核（プロトン）が電気伝導を担う**プロトン伝導**（proton conduction）などが知られている．

　電気伝導度は，温度および水素の量によって大きく変化する．とくにプロトン伝導による電気伝導度は，地球内部の水素量つまり含水量に敏感な物性量である．したがって，このような水素量に敏感な電気伝導度の性質を用いて，地球内部の水の分布を推定することができる．図 8.10 にマントル遷移層の鉱物であるウォズレアイトおよびリングウッダイトの電気伝導度の水素量依存性を示す．また，マントルの電気伝導度の観測結果もこの図に示す (Huang *et al.*, 2005)．

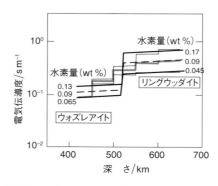

図 8.10　マントル遷移層の鉱物であるウォズレアイトおよびリングウッダイトの電気伝導度の水素量依存性 (Huang *et al.*, 2005)
詳細は本文参照．

8.2 地球内部における電気伝導と熱伝導

この図の灰色の太線は太平洋の下部のマントル遷移層の電気伝導度を示し，細い線はその上限値および下限値を示す．黒い太線および破線は410〜520kmの深さにおいては，ウォズレアイト中のさまざまな含水量条件での電気伝導度値を示し，520〜660kmの深さにおいては，リングウッダイトのさまざまな含水量のもとでの電気伝導度値を示している．なお，この図では，マントル遷移層の温度分布は断熱温度勾配に従うと仮定している（すなわち1825〜1900K程度）．この図から，太平洋下部のH_2Oの濃度は，0.1〜0.2wt%程度であることがわかる．マントル鉱物の電気伝導度のH_2O濃度の依存性の実験結果については異なる実験結果も存在し（Yoshino *et al*, 2008），その結果を用いるとこの地域の含水量は多めに見積もられる．また，マントル遷移層の含水量は地域によって異なり，沈み込み帯を含む太平洋の下部では含水量が高く，ヨーロッパの下部のマントル遷移層などでは含水量がより低いという結果も示されている（Utada *et al.*, 2009）．

8.2.2 熱伝導

　地球内部における**熱伝導**（thermal conduction）には3通りのメカニズムが存在する．第一のメカニズムはフォノンの熱振動の伝搬による熱の移動，すなわち**フォノン伝導**（phonon conduction）である．第二は光の輻射による熱の移動である．このような熱の輸送様式を**フォトン伝導**（photon conduction, thermal radiation）とよんでいる．これらの熱の移動は物質の移動を伴わない．第三の熱の移動様式は，熱対流にみられるように物質の移動による熱の移動である．これは，固体のマントル対流による熱の移動や液体の外核内における熱対流による熱の移動によって，下部マントルや外核内部は断熱温度勾配をもっている．第一と第二のメカニズムは，物質の移動を伴わない境界層での熱の移動のメカニズムである．地球表層付近のリソスフィアからは大気や海洋に向かって熱が散逸している．散逸する熱エネルギーは地殻熱流量として測定される．ここでは主としてフォノン伝導のメカニズムで熱が固体地球外に運ばれているが，同時に総量としてはわずかであるが熱水の移動など高温物質の移動を伴う熱の移動も存在する．核マントル境界部も熱伝導と熱輻射がおもな熱の移動メカニズムと考えられており，ここでは熱対流による断熱温度勾配に比較して，より大きな温度勾配をもっている．下部マントルや外核においては，熱対流によって

65

第 8 章　高圧下における地球内部物性の解明

熱が移動し，その結果，温度分布は断熱温度勾配になるものと考えられている．

8.3　地殻・マントルの弾性的性質

8.3.1　地殻物質の弾性的性質

地殻を構成する岩石や鉱物の弾性波速度については，多くの測定例がある．単結晶の測定には超音波法が用いられ，常圧のもとで弾性定数 C_{ij} が求められている．他方，多結晶体の岩石の音速については，クラックや空隙が存在するために常圧の測定では，真の弾性波速度を与えないことが多い．したがって，岩石の弾性波速度の測定には，0.1〜0.2 GPa 程度の圧力を加え，クラックや空隙をなくしてから測定することが多い．

表 8.1 に地殻に存在するおもな造岩鉱物の密度と弾性波速度を示す．このような鉱物や岩石の弾性波速度の測定に基づいて，地殻や上部マントルの地震速度構造を解釈することができる．

表 8.1　地殻に存在するおもな造岩鉱物の密度と弾性波速度（井田・水谷，1982）

造岩鉱物名	化学式	密度 $\mathrm{g\,cm^{-3}}$	縦波速度, V_P $\mathrm{km\,s^{-1}}$	横波速度, V_S $\mathrm{km\,s^{-1}}$	ポアソン比
石　英	$\mathrm{SiO_2}$	2.65	6.05	4.09	0.007
曹長石	$\mathrm{NaAlSi_3O_8}$	2.61	6.52	3.75	0.252
灰長石	$\mathrm{CaAl_2Si_2O_8}$	2.76	7.21	3.8	0.308
斜方輝石	$\mathrm{(Mg_{0.8}Fe_{0.2})SiO_3}$	3.35	7.78	4.72	0.208
普通輝石	$\mathrm{(Mg,Fe,Ca)SiO_3}$	3.32	7.22	4.18	0.248
ザクロ石	$\mathrm{(Mg_{0.61}Fe_{0.36}Ca_{0.03})_3Al_2Si_3O_{12}}$	3.73	8.84	4.97	0.264
カンラン石	$\mathrm{(Mg_{0.93}Fe_{0.07})_2SiO_4}$	3.31	8.42	4.89	0.246
蛇紋石	$\mathrm{(Mg,Fe)_3Si_2O_5(OH)_4}$	2.6	4.8	2.21	0.365
角閃石	$\mathrm{Ca_2(Mg,Fe)_4Al(Si_7Al)O_{22}(OH,F)_2}$	3.15	7.04	3.81	0.293
白雲母	$\mathrm{KAl_2(Si_3Al)O_{10}(OH)_2}$	2.79	5.78	3.33	0.252
黒雲母	$\mathrm{K(Fe,Mg)_3(Si_3Al)O_{10}(OH)_2}$	3.05	5.26	2.87	0.288

8.3.2 上部マントル・マントル遷移層・下部マントル物質の弾性的性質

表8.2に上部マントルを構成するフォルステライト，その高圧相であるマントル遷移層をつくるウォズレアイトおよびリングウッダイト，下部マントルを構成するブリッジマナイトの体積弾性率，剛性率および縦波速度 V_P，横波速度 V_S を示す．この表から明らかなように，高圧で安定な鉱物ほど大きな体積弾性

表8.2 マントル鉱物の物性定数（Poirier, 2000 を改編）

鉱 物	化学式	密 度 $\mathrm{g\,cm^{-3}}$	平均原子量 $\mathrm{g(原子)^{-1}}$	断熱体積弾性率, K GPa	剛性率, μ GPa	縦波速度, V_P $\mathrm{km\,s^{-1}}$	横波速度, V_S $\mathrm{km\,s^{-1}}$
フォルステライト	Mg_2SiO_4	3.21	20.10	128.20	80.30	8.57	5.00
ウォズレアイト	Mg_2SiO_4	3.47	20.10	174.00	114.00	9.69	5.73
リングウッダイト	Mg_2SiO_4	3.56	20.10	184.00	119.00	9.81	5.78
パイロープ	$Mg_3Al_2Si_3O_{12}$	3.56	20.16	176.60	89.60	9.12	5.02
エンスタタイト	$MgSiO_3$	3.20	20.08	107.50	75.40	8.06	4.85
アキモトアイト	$MgSiO_3$	3.80	20.08	212.00	132.00	10.10	5.89
ブリッジマナイト	$MgSiO_3$	4.11	20.08	246.40	184.20	10.94	6.69

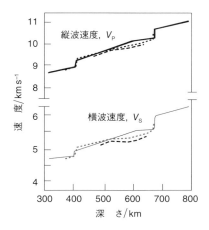

図8.11 実験的に決められたカンラン岩とピクロジャイト岩の地震波速度とマントル遷移層の地球内部構造モデル（PREM）との比較（Irifune et al., 2008）
縦波速度，横波速度のどちらからも，カンラン岩（点線）のほうがピクロジャイト岩（破線，カンラン岩とエクロジャイトの中間の組成をもつ岩石）より観測値（PREM，実線）に近い．

第 8 章　高圧下における地球内部物性の解明

率，剛性率，縦波速度，そして横波速度をもつことがわかる．

　このように実験的に決定されたカンラン岩およびピクロジャイト岩（カンラン岩とエクロジャイトの中間の鉱物組成をもつ岩石）の地震波速度，密度を地球内部構造モデル（PREM）の地震波速度，密度と比較したものを図 8.11 に示す（Irifune *et al.*, 2008）．この図によると縦波速度（V_P）および横波速度（V_S）のいずれも，カンラン岩のほうがピクロジャイト岩より観測値に近い．しかしながら，マントル遷移層の下部，地下 600 km 付近を見ると，カンラン岩，ピクロジャイト岩のどちらも観測値に合わない．これはカンラン石と斜方輝石からなるハルツバージャイト岩という海洋プレートの成分の集積によって説明できる可能性がある．

　これらの実験結果から，マントル遷移層は，上部マントルと同じカンラン岩でできているが，マントル遷移層の下部は，ハルツバージャイト岩である可能性があるといえる．

第9章 マントルの鉱物学

マントルは固体地球の質量の 69% をもち，地球の主要なケイ酸塩部分をなしている．マントルの鉱物学的研究は近年の高温高圧研究の進展によって格段に進んだ．本章では，地球の主要なケイ酸塩部分であるマントルの相関係，鉱物学や結晶学についての最近の研究成果を学ぶ．

9.1 マントル鉱物の相関係

上部マントルを構成する主要な鉱物は**カンラン石**（olivine, $(Mg,Fe)_2SiO_4$），**斜方輝石**（orthopyroxene, $(Mg,Fe)SiO_3$），**単斜輝石**（clinopyroxene, $(Ca,Mg,Fe)SiO_3$），それに加えて，アルミナ（Al_2O_3）を含む鉱物である．アルミナを含む鉱物は，温度圧力によって安定な鉱物が変化し，**斜長石**（plagioclase, $(Na,Ca)(Al,Si)_4O_8$），**尖晶石**（spinel, $(Mg,Fe)Al_2O_3$），**ザクロ石**（garnet, $(Mg,Fe)_3Al_2Si_3O_{12}$）のいずれかの鉱物になる．これらの上部マントルで安定な鉱物の組合せについては 9.2 節で詳しく紹介する．これらの上部マントルで安定な鉱物は，マントル遷移層や下部マントルにおいてさまざまな結晶構造に相転移し，それらの相平衡関係はマントルの物質科学的なモデルを構築するうえで基本的に重要なものとなっている．

以下に，マントルを構成する主要鉱物であるカンラン石，輝石などの一成分系および二成分系，マントルや沈み込むスラブ内部を代表するカンラン岩やスラブ表面の海洋地殻を構成する**玄武岩**（basalt）についての相平衡関係をまとめる．

69

第 9 章 マントルの鉱物学

9.1.1 Mg$_2$SiO$_4$ の相関係と多形

カンラン石（Mg$_2$SiO$_4$）は高温高圧でさまざまな構造に相転移する．Mg$_2$SiO$_4$ の相平衡図を図 9.1 に示す．この図に示すように，カンラン石は 11～15 GPa の条件で**変形スピネル構造**（modified spinel structure）をもつ**ウォズレアイト**（wadsleyite, Mg$_2$SiO$_4$）に相転移する．また，15～20 GPa の条件で**スピネル構造**（spinel structure）をもつ**リングウッダイト**（ringwoodite, Mg$_2$SiO$_3$）に相転移する．この 2 つの鉱物は，マントル遷移層の主要な構成鉱物になっている．後述するように，カンラン石からウォズレアイトへの相転移は 410 km 不連続面と対比されている．また，リングウッダイトは，23 GPa を超える圧力においては，**ペリクレース**（periclase, MgO）とペロブスカイト構造の**ブリッジマナイト**（bridgmanite, (Mg,Fe)SiO$_3$）に分解する．図 9.1 に示すようにカンラン石からウォズレアイトへの相転移，ウォズレアイトからリングウッダイトへの相転移境界は正の勾配を有するのに対して，リングウッダイトの分解の相境界は負の勾配をもっている．これらの相境界は，地球内部の構造を議論するために用いられるとともに，表 6.3 に示したように，高温高圧下における重要な圧力定点としても用いられている．このようにマントルの 410 km 不連続面に対応すると考えられる Mg$_2$SiO$_4$ および Mg$_2$SiO$_4$–Fe$_2$SiO$_4$ 系のカンラン石からウォズレアイトへの相転移は，1960 年から 1970 年代に，わが国の秋本俊一（1925～2004 年）およびオーストラリア国立大学の Ringwood, A. E.（1930～93 年）らによって，先を競って明らかにされた（Ringwood and Major, 1966; Akimoto

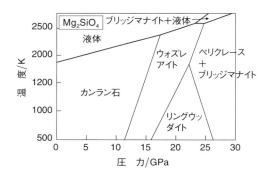

図 9.1　Mg$_2$SiO$_4$ の高温高圧での相関係（Ohtani, 1983 を改編）

and Fujisawa, 1966).

9.1.2 ウォズレアイトとリングウッダイトの結晶構造

図 9.1 の Mg_2SiO_4 の相平衡図に示すようにカンラン石の高圧相の 1 つとして，変形スピネル構造をもつウォズレアイトが存在する．この結晶構造を模式的に図 9.2a に示す．この図に示すように，ウォズレアイトの構造は，4 配位のケイ素（Si）の正四面体のユニット（A）と 6 配位のマグネシウム（Mg）の正八面体のユニット（B）の積み重なりからなると解釈される．このウォズレアイトは，後述するように Mg_2SiO_4 に富んだ組成にのみ存在し，Fe_2SiO_4 成分に富んだ化学組成では存在しない．ウォズレアイトの高圧相として，スピネル構造をもつリングウッダイトの結晶構造を図 9.2b に示す．リングウッダイトもウォズレアイトと同様に 4 配位のケイ素（Si）のユニット（A）と 6 配位のマグネシウム（Mg）のユニット（B）からなり，その積み重なりが異なっている．この構造は尖晶石（$MgAl_2O_4$）と同じ構造であるが，尖晶石の 4 配位 Mg のサイトに Si，6 配位アルミニウム（Al）のサイトに Mg が占める構造をしており，両者で Mg の配位数は異なっている．

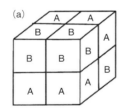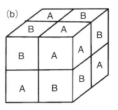

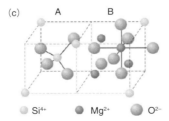

図 9.2 変形スピネル構造（a）とスピネル構造（b）およびスピネル構造（Mg_2SiO_4）の構造単位（c）（秋本，1982）

第 9 章　マントルの鉱物学

　これらのマントル遷移層の重要な鉱物であるウォズレアイトとリングウッダイトは，1～3wt% の水を OH 基としてその結晶構造に含むことができる（Inoue et al., 1995）．このように OH 基を多量に含むウォズレアイトやリングウッダイトを含水ウォズレアイト，含水リングウッダイトとよぶこともある．

9.1.3　Mg_2SiO_4–Fe_2SiO_4 系の相関係

　Mg_2SiO_4–Fe_2SiO_4 系の相平衡図を図 9.3 に示す．この相平衡図は，地球・惑星のマントルを議論する際に最も重要なものである．それは，上部マントルの主要な鉱物がカンラン石であるからである．Mg_2SiO_4–Fe_2SiO_4 系の相関係は，マグネシウムの端成分である**フォルステライト**（forsterite, Mg_2SiO_4）に富んだ組成と鉄（Fe）の端成分である**ファヤライト**（fayalite, Fe_2SiO_4）に富んだ組成とでは，相転移の様式が異なっている．すなわち，フォルステライト成分に富む組成領域では，カンラン石はウォズレアイトに相転移し，さらにリングウッダイトに相転移する．リングウッダイトは，さらに高圧においてブリッジ

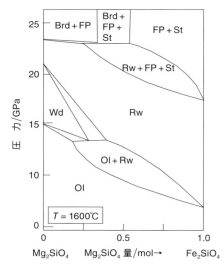

図 9.3　高温高圧下における Mg_2SiO_4–Fe_2SiO_4 系の相平衡図（Katsura and Ito, 1989; Ito and Takahashi, 1989）
Brd：ブリッジマナイト，FP：フェロペリクレース，St：スティショバイト，Rw：リングウッダイト，Wd：ウォズレアイト，Ol：カンラン石．

9.1 マントル鉱物の相関係

マナイトとフェロペリクレース（feropericlase, (Mg,Fe)O，**マグネシオウスタイト**（magnesiowüstite））に分解する．これに対して，ファヤライト成分に富んだ組成ではウォズレアイトは存在せず，カンラン石は直接スピネル構造に相転移し，さらに高温高圧ではフェロペリクレースと**スティショバイト**（stishovite, SiO$_2$）に分解する．この系のファヤライト成分を 50mol% 以上含むスピネル固溶体を**アーレンサイト**（ahrensite, (Mg,Fe)$_2$SiO$_4$）とよぶこともある．この鉱物は，衝撃を受けた隕石中に見い出されている．

Mg 端成分と鉄（Fe）端成分の固溶体からなる鉱物の Mg 端成分の割合を，**Mg 数**（Mg-number = 100× MgO [mol]/(MgO [mol]+FeO [mol]) とよぶことがある．地球のマントルに含まれるカンラン石の Mg 数は 89 程度である．マントルの Mg 数は太陽系の惑星によって異なると考えられている．太陽に近く高温で還元的な環境で形成された水星においては，核は金属鉄や鉄ケイ素合金が主になり，マントルには酸化鉄（FeO）が非常に少なく，存在するカンラン石の Mg 数は 100 に近くなる．金星は地球と同程度，地球よりも太陽から離れている火星は揮発性成分に富みより酸化的であり，そのマントルは地球より FeO に富み構成するカンラン石の Mg 数は 70〜80 程度と考えられている．また，アポロ着陸船による回収試料の解析や月のマントルの地震波速度の情報に基づくと，地球の衛星である月のマントルは，地球のマントルよりも FeO に富み，カンラン石の Mg 数は 70〜80 程度と考えられている．これらの鉄の多い火星や月のマントルの化学的な特徴は，火星起源隕石や月起源隕石中のカンラン石の Mg 数からも示唆されている．カンラン石には，ウォズレアイト，リングウッダイトなどさまざまな高圧の多形が存在し，下部マントル条件では，リングウッダイトが分解し，フェロペリクレースとブリッジマナイトの混合物が安定になる．

このカンラン石の相転移は，マントルの大きな地震波速度の不連続に対応すると考えられている．すなわち，410 km 不連続面はカンラン石からウォズレアイトへの相転移境界に対応し，660 km 不連続面はリングウッダイトのフェロペリクレースとブリッジマナイトへの分解に対応すると考えられている．このような地震波速度の不連続面とカンラン石の相境界の対応に基づいて，マントル遷移層の温度も推定されている．

第 9 章　マントルの鉱物学

9.1.4　MgSiO₃ の相関係

エンスタタイト（enstatite, MgSiO₃, **頑火輝石**）には数多くの高圧多形が存在する．MgSiO₃ の相平衡図を図 9.4 に示す．この図に示すようにエンスタタイトは常圧付近の高温条件では斜方晶系（直方晶系）であるが，低温条件および高圧高圧条件では単斜晶系の単斜エンスタタイトが安定になる．単斜エンスタタイトなど単斜輝石の出現条件は応力の影響を大きく受ける．このために，単斜輝石は地質応力計とみなされることもある．

さらに高圧では，正方晶ザクロ石構造をもつ**メージャライト**（majorite, MgSiO₃），ウォズレアイト＋スティショバイトへの分解，イルメナイト構造をもつ**アキモトアイト**（akimotoite, MgSiO₃），そして，ペロブスカイト構造をもつブリッジマナイトが存在する．最近，核マントル境界の温度・圧力条件において，ブリッジマナイトが CaIrO₃ 構造をもつ**ポストペロブスカイト**（post-perovskite）相が見い出された．この相については後述する（9.4.1 節）．図 9.4 に示すように MgSiO₃ の相関係は大変複雑であり，10 種類もの高圧多形（および高圧相混合物）に相転移することがわかる．

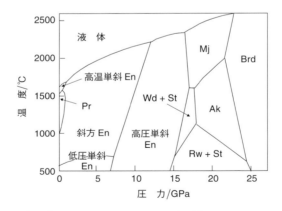

図 9.4　高温高圧下における MgSiO₃ の相平衡図（Gasparik, 1990）
En: エンスタタイト，Mj: メージャライト，Brd: ブリッジマナイト，Pr: プロトエンスタタイト，Wd: ウォズレアイト，St: スティショバイト，Ak: アキモトアイト，Rw: リングウッダイト．

9.1.5 MgSiO₃–FeSiO₃ 系および MgSiO₃–Al₂O₃ 系の相関係

MgSiO₃–FeSiO₃ 系および MgSiO₃–Al₂O₃ 系の相平衡図を図 9.5 に示す．マントル遷移層から下部マントル上部の圧力条件での MgSiO₃–FeSiO₃ 系の相平衡図を図 9.5a に示す．この図のように MgSiO₃ 系に見られるアキモトアイト，メージャライト，ブリッジマナイトなどは，MgSiO₃ に富んだ化学組成領域では FeSiO₃ 成分を含む固溶体を形成する．一方，FeSiO₃ 成分に富む化学組成領域では，フェロッシライト（ferrosilite, FeSiO₃）-エンスタタイト（MgSiO₃）の輝石固溶体を形成し，高圧下ではフェロペリクレースとスティショバイトの混合物が安定相になる．

マントル遷移層から下部マントル上部（15～30 GPa）の圧力条件における MgSiO₃–Al₂O₃ 系の相平衡図を図 9.5b に示す．この圧力条件では，MgSiO₃ 端成分のメージャライト，アキモトアイト，ブリッジマナイトは，Al₂O₃ 成分を含む固溶体を形成する．この相平衡図に示すように，マントル遷移層～下部マントルの条件では，メージャライト，アキモトアイト，ブリッジマナイトはそれぞれ圧力が増加するとともに，より大量の Al₂O₃ 成分を固溶することができる．

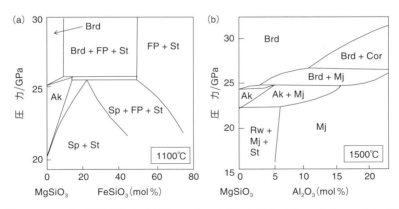

図 9.5 マントル遷移層および下部マントル上部における（a）MgSiO₃–FeSiO₃ 系および（b）MgSiO₃–Al₂O₃ 系の相関係（(a) Ito and Yamada, 1982, (b) Kubo and Akaogi, 2000）

Brd: ブリッジマナイト，FP: フェロペリクレース（マグネシオウスタイト），St: スティショバイト，Ak: アキモトアイト，Sp: 尖晶石，Cor: コランダム，Mj: メージャライト．

第 9 章　マントルの鉱物学

9.2　上部マントルを構成する鉱物と岩石

地殻は大陸地殻および海洋地殻からなる．大陸地殻は，**石英**（quortz, SiO_2），斜長石，**カリ長石**（kfeldspan, $KAlSi_3O_8$）などからなる花崗岩質の上部地殻，輝石や斜長石，**角閃石**（amphibole, $A_{0\sim1}B_2C_5T_8O_{22}(OH,F)_2$; A = Na, K; B = Na, Ca, Mg, Fe^{2+}; C = Mg, Fe^{2+}, Al, Fe^{3+}; T = Si, Al）などからなる斑レイ岩質の下部地殻からなる．これに対して上部マントルはカンラン石，斜方輝石，単斜輝石を主要構成鉱物としている．このような苦鉄質鉱物からなる岩石を**超苦鉄質岩**（ultramafic rock）とよんでいる．火成岩の分類はシリカ（SiO_2）の量に基づくこともある．この分類を図 9.6 にまとめる．SiO_2 が多い場合を酸性，少ないものを塩基性とよぶ．そして SiO_2 の量が 45wt％ 以下の火成岩を**超塩基性岩**（ultrabasic rock）とよぶ．多くの場合超塩基性岩は超苦鉄質岩に含まれるが，たとえば斜長石に富んでいる斜長岩は超塩基性岩であるが，苦鉄質鉱物を含まないので超苦鉄質岩とはよばない．

9.2.1　上部マントルを構成するカンラン岩

図 9.6 に示すようにカンラン石を 40vol％ 以上含む岩石を**カンラン岩**（peridotite）とよび，カンラン石を 40vol％ 以下，輝石（斜方輝石および単斜輝石）

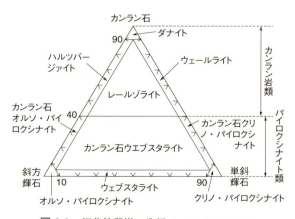

図 9.6　超苦鉄質岩の分類（青木・久城，1982）

9.2 上部マントルを構成する鉱物と岩石

を 60vol% 以上含む岩石を**輝岩**（pyroxenite）とよんでいる．カンラン岩は，構成鉱物の量によって**レールゾライト**（lherzolite），**ダナイト**（dunite），**ハルツバージャイト**（harzburgite），**ウエールライト**（wehrlite）に分類され，輝岩も構成鉱物の量によって，それぞれ特有の名前がつけられている．上部マントルは一般にカンラン岩からなるが，上部マントルを代表する岩石はカンラン石が 60%，残りの鉱物は斜方輝石と単斜輝石を主要構成鉱物とするレールゾライトに区分される．

　上部マントルを構成するカンラン岩には，主要な構成鉱物であるカンラン石，斜方輝石，単斜輝石の 3 種の鉱物以外に，副成分鉱物としてアルミナを含む斜長石，尖晶石，ザクロ石が温度・圧力条件に応じて出現する．約 1 GPa 以下の圧力のもとで高温の条件では，アルミナ鉱物として斜長石を含むカンラン岩が出現し，この岩石は**斜長石カンラン岩**（plageoclase peridotite）とよばれている．約 1～2 GPa の圧力条件では，尖晶石が安定に存在し，この鉱物を含むカンラン岩は**尖晶石カンラン岩**（spinel peridotite）とよばれている．2 GPa を超える圧力においてはアルミナ鉱物としてザクロ石がカンラン岩中に出現し，これを**ザクロ石カンラン岩**（garnet peridotite）とよぶ．マントルを構成するそれぞれのカンラン岩の安定領域を図 9.7 に示す．

9.2.2　マントルに沈み込んだ海洋地殻としてのエクロジャイト

　斜長石と単斜輝石および少量のカンラン石を主要鉱物とする火山岩である玄武岩および深成岩である**斑レイ岩**（gabbro）は，1～2 GPa の圧力では，ザクロ石，オンファス輝石（透輝石とヒスイ輝石の固溶体）を主要鉱物とする岩石である**エクロジャイト**（eclogite）に相転移する．この岩石は，プレートの沈み込みに伴ってマントルに沈み込んだ海洋地殻が上部マントルにおいて相転移することによって生成する．**中央海嶺玄武岩**（mid-oceanic ridge basalt：MORB）に代表される玄武岩は海洋地殻を構成し沈み込むスラブを構成する主要な岩相であるので，その高温高圧下における相転移と安定領域の研究は，多くの研究者によって行われている．マントル遷移層や下部マントルに沈み込んだこの岩石の高温高圧相転移の様式については，以下でも議論する．

　玄武岩マグマを生じる上部マントルを構成する岩石については，カンラン岩であるのかエクロジャイトであるのかという論争が存在した．Al やカルシウム

第 9 章 マントルの鉱物学

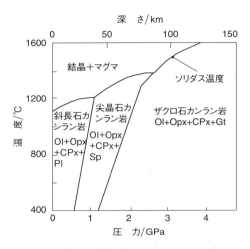

図 9.7 カンラン岩の鉱物構成（Green and Ringwood, 1967）
温度・圧力条件によって含有するアルミナ鉱物が変化し，それらは尖晶石カンラン岩，斜長石カンラン岩，ザクロ石カンラン岩とよばれる．Ol: カンラン石，Opx: 斜方輝石，Cpx: 単斜輝石，Pl: 斜長石，Sp: 尖晶石，Gt: ザクロ石．

（Ca）を含むカンラン岩の部分溶融によって玄武岩が生成するという実験結果や玄武岩やキンバライト（kimberlite）などに含まれる捕獲岩の研究に基づいて，現在ではカンラン岩が上部マントルを代表する岩石であると考えられている．なお，未分化な上部マントルは，部分溶融によって玄武岩マグマを生成する．Ringwood は玄武岩マグマを生成する前の未分化の上部マントル物質である仮想的なカンラン岩をパイロライト（pyrolite）と名づけている．

9.2.3　地質温度計と地質圧力計

共存する鉱物間の特定の元素の含有量の比をその元素の分配係数とよび，熱力学平衡によって決定される量である．分配係数は温度および圧力によって変化する．鉱物間の元素の分配において温度依存性が大きい分配反応は，温度の推定に用いることができ，これを**地質温度計**（geothermometer）とよぶことがある．また，圧力依存性が大きい反応は**地質圧力計**（geobarometer）とよばれている．図 9.8 に地質温度計の例を示す．上部マントルにおいては，この図のように斜方輝石と単斜輝石が共存する場合に，2 つの輝石はお互いに固溶せず，

9.2 上部マントルを構成する鉱物と岩石

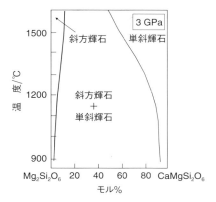

図 9.8 3 GPa におけるエンスタタイト-ディオプサイド系の不混和領域 (Mori and Green, 1975)
これを地質温度計として用いることがある．斜方輝石中の単斜輝石成分 ($CaMgSi_2O_6$) および単斜輝石中の $MgSiO_3$ 成分は，温度の上昇によって増加する．これらの量を測定することによって，生成温度を推定することができる．

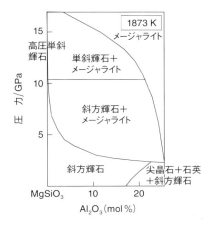

図 9.9 輝石-ザクロ石転移の相平衡図 (Akaogi and Akimoto, 1977; Irifune et al., 1996)
メージャライト中の $MgSiO_3$ 成分は圧力とともに増加し，地質圧力計として用いられる．

2つの鉱物の間に**不混和領域**（ソルバス，solvus）が存在する．斜方輝石中の単斜輝石成分 ($CaMgSi_2O_6$) の量および単斜輝石中の $MgSiO_3$ 成分の量は，この図のように温度の上昇によって増加する．したがって，これらの量を測定する

第 9 章　マントルの鉱物学

ことによって，図の輝石固溶体の相平衡図を用いて温度を推定することができる．これは**輝石温度計**（pyroxene geothermometer）とよばれている．

地質圧力計としてよく用いられている相転移に，**輝石–ザクロ石転移**（pyroxene-garnet transition）がある．高圧になるとザクロ石（$Mg_3Al_2Si_3O_{12}$）に輝石成分（$MgSiO_3$）が固溶し，$2Al = MgSi$ の置換によってザクロ石の組成が Mg と Si に富むようになる．このように輝石成分に富むザクロ石はメージャライトとよばれている．メージャライトは，ダイヤモンド中に**包有物**（inclusion）としてしばしば見い出され，その化学組成に基づいてそのダイヤモンドの生成深度が推定されている．輝石–ザクロ石転移の相平衡図を模式的に図 9.9 に示す．なお，$2Al = MgSi$ の置換を**チェルマック置換**（Tschermak substitution）ということがある．

9.3　マントル遷移層

9.3.1　カンラン石の相転移と地震波不連続面

地球内部には深さ 410 km および 660 km の 2 つの地震波速度および密度の不連続面が存在する．この 2 つの不連続面は，それぞれ 410 km 不連続面および 660 km 不連続面とよばれている（図 2.1 および図 2.2 参照）．

410 km 不連続面は，マントルを構成する主要な鉱物であるカンラン石のウォズレアイトへの相転移，また 660 km 不連続面はリングウッダイトのフェロペリクレースとブリッジマナイトへの分解に相当すると考えられている．地震波不連続面とカンラン石固溶体の相転移の関係を図 9.10 に示す．

410 km 不連続面の深さと，カンラン石のウォズレアイトへの相転移の境界を対応させることによって，この不連続面の温度は 1450℃ 程度であり，660 km 不連続面の深さとリングウッダイトの分解の相境界を対応させることによって，660 km 不連続面の温度は 1600℃ 程度であると推定される．図 9.10 に示すように，カンラン石の相転移境界は，地球内部の温度の情報を与える点で重要なものである．この図に示すように 410 km 不連続面に対応するカンラン石–ウォズレアイト転移の境界は，正の勾配をもつのに対して，660 km 不連続面に対応するリングウッダイトの分解反応は負の勾配をもっている．冷たいスラブが沈み

80

9.3 マントル遷移層

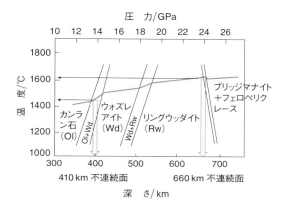

図 9.10 地震波不連続面とカンラン石固溶体の相転移（Katsura et al., 2010）

込む場合と，熱いマントルプルームが上昇する場合には，相転移境界の勾配が正と負の場合では異なる作用をする．以下にその詳細を説明する．

9.3.2 カンラン石の相転移と沈み込むスラブの相互作用

図 9.11 は，マントルに沈み込む低温のスラブにおける 410 km の不連続面と 500 km および 660 km の不連続面の起伏を示している（Turcotte and Schubert (2002) を改編）．カンラン石–ウォズレアイト転移およびウォズレアイト–リングウッダイト転移は正の勾配をもっているので，低温のスラブ内では周りのマ

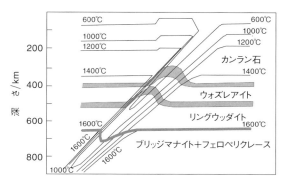

図 9.11 マントルに沈み込むスラブ内における 410 km 不連続面と 500 km および 660 km 不連続面の起伏（Turcotte and Schubert (2002) を改編）

第9章 マントルの鉱物学

ントルより低圧で相転移する．すなわち，低温のスラブでは，410 km 不連続面はより浅くなる．高圧相であるウォズレアイトがより浅部で存在するので，この部分は周りより重く重力場では沈降しやすく，この相転移はスラブの沈み込みを促進することになる．ウォズレアイトからリングウッダイトへの相転移に相当する 550 km の不連続も同様であり，低温のスラブでは不連続面は浅くなる．なお，スラブが低温では相転移速度が遅くなり，カンラン石の相転移が進行しない場合もある．沈み込み帯によっては，低温のために準安定のカンラン石の領域（準安定カンラン石ウエッジ）がマントル遷移層に沈み込んだスラブ内部に観測された例もある（たとえば，Kaneshima *et al.*, 2007）．

他方，リングウッダイトの分解反応境界は負の勾配をもっているので，低温のスラブでは 660 km 不連続面はより深くなる．冷たいスラブにおいては負の勾配をもっているので，660 km 不連続面付近では冷たいスラブは周囲のマントルよりも軽くなり，浮力がはたらく．したがって，リングウッダイトの分解反応は，スラブの沈み込みを押しとどめる作用をすることがわかる．このように，マントル内部の相転移は，スラブの沈み込みにさまざまな力学的な影響を与えている．

9.4　下部マントル

沈み込むプレートを構成する岩石であるカンラン岩および玄武岩の圧力に伴う相変化の様子を図 9.12 に示す．マントルを構成するカンラン岩においては，図 9.12a に示すように，下部マントルにおける主要構成鉱物は，リングウッダイトが分解した NaCl 型構造のフェロペリクレースとペロブスカイト型構造のブリッジマナイト，そして，Ca ペロブスカイトである．また，海洋底玄武岩が沈み込むスラブ上面の玄武岩層は，下部マントルにおいては，図 9.12b に示すように高圧鉱物として，ナトリウム（Na），カルシウム（Ca）–Al を含む NAL 相，Fe–Mg と Al 成分を含むブリッジマナイト，Ca ペロブスカイト，スティショバイトなどからなる．

下部マントルにおいては，マントル鉱物がさまざまな高圧相に相転移する．結晶構造が変化する代表的な構造相転移として，マントル最下部においてブリッジマナイトがポストペロブスカイト相に相転移するポストペロブスカイト転移お

82

9.4 下部マントル

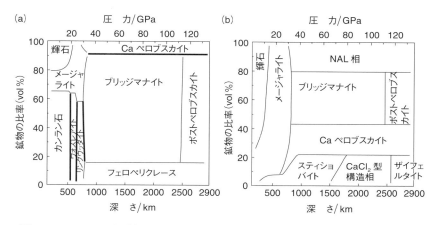

図 9.12 カンラン岩 (a) および玄武岩 (b) における構成鉱物の圧力変化 (Ohtani and Sakai, 2008)

よび下部マントル深部においてスティショバイトが転移する**ポストスティショバイト転移**（post-stishovite transition）が存在する．さらに，これらの構造相転移とともに鉄イオンが高スピン状態から低スピン状態に変化する**スピン転移**（spin transition, spin crossover）も存在する．以下ではこれらの相転移について概説する．

9.4.1 ポストペロブスカイト転移

下部マントルの主要鉱物であるブリッジマナイトは，空間群 $Pnma$ のペロブスカイト構造をもっているが，高温高圧下において $Cmcm$ という空間群をもつ $CaIrO_3$ 型の構造に相転移する．この相転移を**ポストペロブスカイト転移**（post- perovskite transition）とよび，この相をポストペロブスカイト相ともよぶ（Murakami et al., 2004）．ペロブスカイト構造とポストペロブスカイト構造を図 9.13 に示す．この 2 つの結晶構造においては，ケイ素イオン（Si^{4+}）は酸素（O）の正六面体の中心に位置し，6 配位の位置を占め，マグネシウムイオン（Mg^{2+}）もケイ素同様に 6 配位位置を占めている．ポストペロブスカイト相の特徴は，この図に示すように，SiO_6 多面体が層状に配列している点である．このような特徴的な結晶構造のためにポストペロブスカイト相は，音速などの物性に大きな異方性を示す．ポストペロブスカイト転移の相境界は，図 9.14 に示すように，

第 9 章 マントルの鉱物学

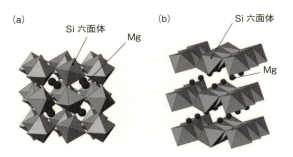

図 9.13 ペロブスカイト構造とポストペロブスカイト構造（Shim, 2008）
(a) ブリッジマナイト（MgSiO$_3$）の構造，
(b) ポストペロブスカイト（CaIrO$_3$）型構造の MgSiO$_3$．

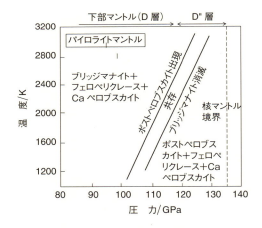

図 9.14 ポストペロブスカイト相転移境界（Ohta *et al.*, 2008）

正の勾配をもち，2000 K で約 120 GPa 付近に存在する．したがって，最下部マントルにこの相転移が存在する可能性がある．このことからポストペロブスカイト転移は，核マントル境界の地震波速度の異常の原因の 1 つになっている可能性がある．

9.4.2 シリカの多形とポストスティショバイト転移

シリカ（SiO$_2$）の多形として古く知られているものに，高温石英（α 石英），低温石英（β 石英），トリディマイト（tridymite, SiO$_2$），クリストバライト（cristo-

9.4 下部マントル

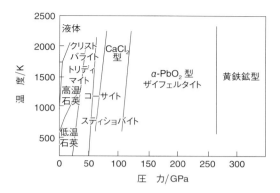

図 9.15 シリカ (SiO$_2$) の多形とポストスティショバイト転移 (Ohtani and Sakai, 2008)

balite, SiO$_2$), コーサイト (coesite, SiO$_2$), スティショバイトがある. このようなシリカの多形の安定領域を図 9.15 に示す. シリカの多形のうち, 石英, トリディマイト, クリストバライトは, 地殻を構成する岩石やさまざまな隕石 (コンドライト (chondrite), エコンドライト (achondrite), 月起源隕石 (lunar meteorite), 火星起源隕石 (martian meteorite) など) などに見い出されている. 他方, 高圧相であるコーサイトやスティショバイトは, 衝撃を受けた隕石, とくに月起源隕石, 火星起源隕石, ユークライト (eucrite) などのエコンドライト隕石に見い出されている. また, 地球上の隕石孔においても隕石衝突の衝撃によって生成したコーサイトやスティショバイトが報告されている (Chao et al., 1960; Chao et al., 1962).

また, コーサイトは上部マントルに沈み込んだ地殻である**超高圧変成岩** (ultra-high pressure metamorphic rock) に含まれるザクロ石結晶の内部の包有物として見い出されることがある. これは地殻物質がコーサイトの安定な上部マントルに沈み込み, ふたたび地表に上昇したことを示している. このような超高圧変成岩中に見い出された微細なコーサイト結晶の存在は, 大陸地殻さえもが上部マントル深部に沈み込み, その後, 隆起して地表に現れたことなど, 地殻変動がこれまで考えられていたよりもはるかにダイナミックであったことを示している.

シリカの多形のひとつであるスティショバイトの発見以後, さらに高圧で安

第 9 章　マントルの鉱物学

定な多形は長い間合成されてこなかったが，近年の超高圧高温研究の進歩によって，$CaCl_2$ 型構造，α–PbO_2 型構造，そして黄鉄鉱（pyrite）型構造など数多くのシリカの多形が見い出された．α–PbO_2 相は衝撃を受けた火星隕石中にはじめて見い出され，その後さらに月隕石にも発見されている．この高圧相は，**ザイフェルタイト**（seifertite, SiO_2）と名づけられている．これらスティショバイトよりもさらに高圧で安定なシリカの多形をポストスティショバイト相と総称することがある．図 9.15 の相平衡図に示すように，シリカ鉱物のスティショバイトは，約 50〜60 GPa では $CaCl_2$ 型構造に相転移する．さらに，100 GPa 以上でザイフェルタイトに転移する．なお，ザイフェルタイトの生成圧力は，低圧相の結晶構造に依存し，クリストバライトやトリディマイトを出発物質とすると，ザイフェルタイトは 20 GPa 程度の低圧でも生成されることが明らかになっており，隕石中にみられるザイフェルタイトの多くは，このような比較的低い圧力で生成した可能性がある．さらに 160 GPa を超える条件では黄鉄鉱型のシリカが存在する．このシリカの安定領域は核マントル境界よりも高圧にある．したがってこのシリカ多形は，地球のマントルには存在しないと思われる．しかしながら，この相は，地球の内核や木星型惑星の内部，そして太陽系外の恒星系の地球型惑星（スーパーアース）などの天体内部の構成鉱物として存在する可能性がある．

9.4.3　その他の構造相転移

　図 9.16a に下部マントル条件における $MgSiO_3$–$FeSiO_3$ 系の相関系を，図 9.16b に $MgSiO_3$–Al_2O_3 系の相関係を示す．これらの相平衡図に示すように，$FeSiO_3$ 端成分側および Al_2O_3 端成分側においては，複雑な相変化を示す．$(Mg,Fe)SiO_3$ 固溶体の $FeSiO_3$ に富む組成領域では，下部マントル最上部の約 30 GPa においては，フェロペリクレース + スティショバイトが安定であり，約 80 GPa 以上ではフェロペリクレース + $CaCl_2$ 型 SiO_2 が共存し，約 120 GPa 以上ではフェロペリクレース + ザイフェルタイト SiO_2 が安定になる．これに対して，$MgSiO_3$–Al_2O_3 系においては，ブリッジマナイトの Al_2O_3 量は，圧力の増加とともに増加し，60 GPa を超えるとパイロープ組成のブリッジマナイトが安定になり，この Al_2O_3 に富むブリッジマナイトは，コランダム Al_2O_3 と共存する．コランダムは，90 GPa 付近まで安定であるが，より高圧では Rh_2O_3 型の

86

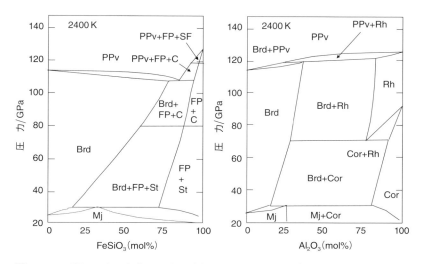

図 9.16 下部マントル条件における (a) MgSiO$_3$–FeSiO$_3$ 系および, (b) MgSiO$_3$–Al$_2$O$_3$ 系の相関係 (Ohtani and Sakai, 2008)

Mj:メージャライト,Brd:ブリッジマナイト,FP:フェロペリクレース(マグネシオウスタイト),St:スティショバイト,C:CaCl$_2$ 型,Cor:コランダム,SF:ザイフェルタイト,PPv:ポストペロブスカイト,Rh:Rh$_2$O$_3$ 型相.

構造に相転移する.そして,アルミナ含有ブリッジマナイト +Rh$_2$O$_3$ 型 Al$_2$O$_3$ の混合物は,120 GPa 以上では,ポストペロブスカイト相に相転移する.

9.4.4 スピン転移

下部マントルを構成する主要鉱物であるフェロペリクレースおよびブリッジマナイトにおいては,それらに存在する Fe^{2+} および Fe^{3+} のイオンが低圧における高スピン状態から,高圧における低スピン状態に変化する.このような鉄イオンのスピン状態の変化をスピン転移とよんでいる.図 9.17 に鉄イオンの高スピン状態と低スピン状態を模式的に示す.同様なスピン転移は,フェロペリクレースやブリッジマナイトのみならず,**ヘマタイト**(hematite, Fe$_2$O$_3$),**マグネタイト**(magnetite, Fe$_3$O$_4$),**シデライト**(siderite, FeCO$_3$)など鉄イオンを含むさまざまな化合物で見い出されている.高スピン転移から低スピン転移への変化に伴って,鉄のイオン半径が減少する.そのために結晶構造は変化せず,格子体積のみが不連続的に変化することが多い.

第 9 章 マントルの鉱物学

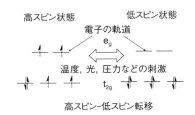

図 9.17 鉄イオン（Fe^{2+}）の高スピン状態と低スピン状態

　下部マントルの主要な構成鉱物であるフェロペリクレースおよびブリッジマナイト中の鉄イオンも，化学組成すなわち鉄イオンの存在量に応じて，異なる圧力でスピン転移を起こすことが知られている．フェロペリクレースでは，下部マントル条件において構造中に 2 価の鉄イオン（Fe^{2+}）が高スピン状態から低スピン状態に変化する．このスピン転移圧力は，フェロペリクレースの組成すなわち Mg 数によって異なり，FeO の少ない固溶体は，FeO の多いものよりも，低圧でスピン転移を起こす．また FeO はマントルの圧力では高スピン状態にあり，外核の圧力である 200 GPa 以上の圧力において，完全に低スピン状態に変化する（Chen *et al.*, 2012; Hamada *et al.*, 2016）．

　下部マントル鉱物であるブリッジマナイトのスピン転移は，フェロペリクレースに比べて複雑である．これは，ペロブスカイト構造 ABO_3 には，Mg^{2+} が存在する A サイトと Si^{4+} が存在する B サイトの 2 種類があり，鉄のイオンには Fe^{2+} と Fe^{3+} の 2 種が存在するからである．イオン半径の大きな Fe^{2+} は A サイトにのみ入る．他方 Fe^{3+} は A サイトと B サイトの両方に入る．また，B サイトにはアルミニウムイオン（Al^{3+}）を固溶することがあり，この Al の固溶も Fe^{3+} の B サイトへの置換やスピン転移に影響を及ぼし，ブリッジマナイトのスピン転移を複雑にしている．ブリッジマナイトにおいては，A サイトに入る Fe^{3+} は高スピン状態のままであり，マントル条件では最下部マントルまでスピン転移を起こさない．これに対して，A サイトのみに存在する Fe^{2+} については，下部マントルの条件では高スピンと低スピンの中間的な電子状態にあり，120 GPa 以上の高温では低スピン状態になると報告されている（McCammon *et al.*, 2008）．これに対して第一原理計算の研究者のなかには，ブリッジマナイトが高スピンと低スピンの中間のスピン状態をもつことに疑問をもつ研究者も存

9.5 マントルに存在する含水鉱物とマントル内部の水

在しており，さらなる研究が必要である（Hsu *et al.*, 2010）．

これに対して，Bサイトに置換する Fe^{3+} は，マントル条件の $50\sim60\,GPa$ において，高スピン状態から低スピン状態に転移する．この高スピンから低スピンへの転移は，BサイトのAlの有無などの化学組成に応じてさまざまな圧力で生じることが示されている（Lin *et al.*, 2012）．

9.5 マントルに存在する含水鉱物とマントル内部の水

9.5.1 地球内部物質の物性への水の影響

図 9.18a に地球内部の物質循環を模式的に示す．水を含む揮発性物質も同様に大規模な循環をしていると考えられる．水は地球内部物質の物性に大きな影響を与える．それらはマントルの融点を下げてマグマを生じやすくし，沈み込んだプレート中に含まれる水分の脱水は島弧の火成活動の原因となっている．また，脱水による流体の生成は，鉱物粒間の差応力と内部摩擦係数を下げ，地震破壊をひき起こす．鉱物中に含まれる OH 基は鉱物の流動性を促進し，マントルの粘性を下げる．この現象を**加水軟化**（hydrolic weakening, water weakening）とよぶことがある．このようにマントルの性質に大きな影響を与える水は，地球内部においては超臨界流体，マグマ中に溶け込んだ水，またさまざまな含水鉱物中の OH 基として，さらに無水鉱物中の格子欠陥などに存在する．

9.5.2 地殻と上部マントルの含水鉱物

地殻や上部マントルには，粘土鉱物などさまざまな含水鉱物が存在し，水はこれらの鉱物中の OH 基として存在している．上部マントルの代表的な含水鉱物として，**蛇紋石**（serpentine, $Mg_3Si_2O_5(OH)_4$）が存在する．この鉱物は沈み込むプレートにおいて，割れ目に染み込んだ水分がカンラン石と反応することによって生成すると考えられている．上部マントル深部からマントル遷移層，そして下部マントルにおいては，表 9.1 に示すようにさまざまな含水鉱物が存在する．オーストラリア国立大学の著名な高圧地球化学者である Ringwood は，含水A 相，含水 B 相，含水 C 相など高温高圧下で安定ないくつかの含水鉱物の合成に成功した．彼はそれらの高圧で安定な含水鉱物を**アルファベット相**（alphabet

89

第 9 章 マントルの鉱物学

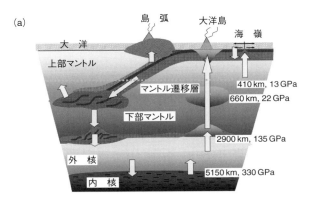

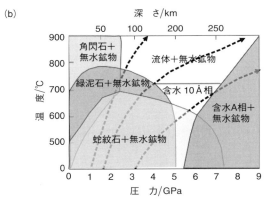

図 9.18 全地球にわたる物質の循環（a）と上部マントルにおける含水鉱物の安定領域（b）
(a) 水や二酸化炭素などの揮発性物質も同様の循環をしていると考えられている（Ohtani, 2005）.
(b) 異なる温度分布をもつスラブの地温勾配を破線で示す（Schmidt and Poli, 1998; Poli and Schmidt, 2002）.

phase）とよび，この名前は現在でも用いられている（Ohtani, 2015）. スラブの沈み込みに伴って，水は主として蛇紋石として上部マントル深部に運ばれ，安定領域が重なる含水 A 相としてさらに深部に運ばれると考えられている（Poli and Schmidt, 2002）. 図 9.18b に上部マントルにおける含水鉱物の安定領域を示す. 上部マントルにおいては，含水鉱物の安定領域は 5〜6 GPa で 600℃ 程度であり，比較的低温でこれらの含水鉱物が脱水分解すると考えられる. この領

9.5 マントルに存在する含水鉱物とマントル内部の水

表 9.1 カンラン岩，玄武岩，堆積岩に見られる含水鉱物 (Ohtani, 2015)

鉱物名	化学式	密度/g cm^{-3}	Mg/Si	H_2O (wt%)
緑泥石（chlorite）	$Mg_5Al_2Si_3O_{10}(OH)_8$	2.6〜3.4	1.67	13
蛇紋石（serpentine）	$Mg_3Si_2O_5(OH)_4$	2.55	1.5	14
10Å 相	$Mg_3Si_4O_{14}H_6$	2.65	0.75	13
含水 A 相	$Mg_7Si_2O_8(OH)_6$	2.96	3.5	12
含水 B 相	$Mg_{12}Si_4O_{19}(OH)_2$	3.38	3	2.4
含水 C 相 = 超含水 B 相	$Mg_{10}Si_3O_{12}(OH)_4$	3.327	3.3	5.8
含水 D 相 = F 相 = G 相	$Mg_{1.14}Si_{1.73}H_{2.81}O_6$	3.5	0.66	14.5〜18
含水 E 相	$Mg_{2.3}Si_{1.25}H_{2.4}O_6$	2.88	1.84	11.4
ウォズレアイト	Mg_2SiO_4	3.47	2	3.9
リングウッダイト	Mg_2SiO_4	3.47〜3.65	2	2.2
金雲母（phlogopite）	$K_2(Mg,Fe)_6Si_6Al_2O_2OH_2$	2.78	〜1	2.3
滑 石（talc）	$Mg_3Si_4O_{10}(OH)$	3.15	0.75	2.3
白雲母（moscovite）	$K(Al,Mg)AlSi_3O_{10}(OH)_2$	2.83	0.33	4.6
ローソン石（lawsonite）	$CaAl_2Si_2O_{10}H_4$	3.09〜		11.5
トパーズ–OH	$Al_2SiO_4(OH)_2$	3.37〜		10
ダイアスポア	$AlOOH$	2.38〜		15
含水 Pi 相	$Al_3Si_2O_7(OH)_3$	3.23〜		9
含水 EGG 相	$AlSiO_3OH$	3.84〜		7.5
含水 δ 相	$AlOOH$	3.533〜		15
含水 H 相	$MgSiO_2(OH)_2$	3.466	1	15

域はマントル深部へ輸送される水の量に制限をつけることから**チョークポイント**（choke point）とよばれることもある．なお，この温度・圧力領域には含水 10Å 相とよばれる含水相が存在し，チョークポイントの温度が 100℃程度上昇するという報告もある（Poli and Schmidt, 2002）．

9.5.3 マントル遷移層と下部マントルの水

このように，上部マントルから下部マントル深部にまで，一連の含水鉱物がマントル深部への水輸送に貢献しているものと考えられている．マントル内部の最大の貯水池は，マントル遷移層であるとされている．それは，表 9.1 および図 9.19 に示すように，マントル遷移層の主要鉱物であるウォズレアイトとリングウッダイトが，2〜3 wt%にも及ぶ水を含みうるからである（Inoue *et al.*, 1995）．また，最近，ブラジル産のダイヤモンドに含まれる包有物として，カンラ

第 9 章　マントルの鉱物学

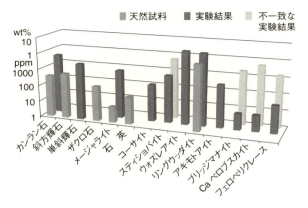

図 9.19　無水鉱物（NAM 相）中の含水量（Ohtani, 2015）

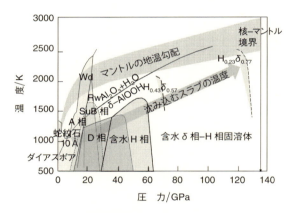

図 9.20　マントル深部に存在するさまざまな含水鉱物（Ohtani, 2015）
Wd: ウォズレアイト，Rw: リングウッダイト，SuB: 超含水 β 相.

ン石の高圧相であるリングウッダイトが発見された．このリングウッダイトには 1 wt%を超える水が含まれていることが明らかになった（Pearson et al., 2014）．さらに，マントル遷移層において安定な含水鉱物である EGG 相（AlSiO$_3$OH）や含水 δ 相（AlOOH）もダイヤモンドに含まれる包有物として見い出されている（Wirth et al., 2007）．これらの観察事実は，マントル遷移層には，少なくとも局所的には水が多く含まれていることを示唆している．

図 9.20 に下部マントル全域をカバーする含水鉱物の安定領域を示す．この図

から明らかなように,含水 δ 相と含水 H 相の固溶体(AlOOH–MgSiO$_4$H$_2$)が下部マントル全域においても安定に存在している(Ohtani, 2015).

含水鉱物は OH 基を多量に含むが,少量の水は OH 基として無水鉱物の結晶構造の欠陥に含まれることがある.マントルに存在するほとんどの無水鉱物には,わずかではあるがこのような水分が含まれている.マントル由来のカンラン岩を構成するカンラン石には 300〜1000 ppm 程度の水が存在する.このような水を微量に含む無水鉱物は総称して **NAM**(nominally anhydrous mineral, いわゆる無水鉱物)相とよばれている.NAM 相とその含水量を図 9.19 にまとめる.

9.6　核マントル境界と D″ 層

核マントル境界の直上の約 200 km の地震波速度の異常域を **D″ 層**(D″ layer)とよんでいる(Lay, 2005).この領域では,縦波速度 V_p や横波速度 V_s が 0.5〜3% 程度不連続的に増加し,地震波横波速度の SH 波と SV 波速度が異なる偏向異方性も認められている(図 9.21).9.4 節ですでに示したように,マントル最

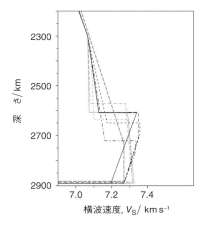

図 9.21　マントル最深部の横波速度 V_S の分布モデル(Lay, 2005)
すべての V_S 分布モデルには核マントル境界の 200〜300 km 直上に 2〜3% の横波速度の不連続的な増加が存在する.

第 9 章　マントルの鉱物学

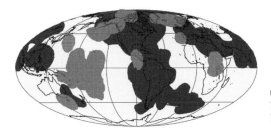

ULVZ：厚さ～ 40 km の領域
V_P ～ 10% 減少
V_S ～ 30% 減少

図 9.22　D″ 層での横波速度（V_S）の分布図（Lay *et al.*, 1998 を改編）
超低速度帯（ULVZ）の分布を示す．薄い灰色：ULVZ が観測される領域．濃い灰色：ULVZ が観測されない領域．

下部ではブリッジマナイトがポストペロブスカイト相に相転移する．マントル最下部の D″ 層は，この相転移で説明できるのかもしれない．現状ではポストペロブスカイト相の高温高圧下での音速 V_P および V_S，そしてその組成依存性の正確な情報が不十分であるために確定的ではないが，ブリッジマナイトからポストペロブスカイト相への相転移に伴って，密度が 1～1.5% 増加し，横波速度 V_S は 2～4%，縦波速度 V_P が 0.5% 程度増加することが予想されている．このような相転移に伴う物性の変化は，下部マントルの最下部の D″ 層における地震波速度の観測を説明できる可能性がある．また，D″ 層内部の地震波速度の複雑な地域変化は，最下部マントルにおいて，地温勾配がこの相転移境界を 2 回横切ることによる可能性（double-crossing model，相境界の 2 重交差モデル）も提案されている．最下部マントルの D″ 層とポストペロブスカイト転移の関係は，それらの転移境界の精密決定や，ポストペロブスカイト相を含む下部マントル構成鉱物の核マントル境界条件での音速測定などに基づいて，さらに詳しく検討する必要がある．

　D″ 層中の核の近傍では局所的に縦波速度 V_p が 10% 程度減少し，横波速度 V_s が 30% 程度も減少する**超低速度帯**（ultralow velocity zone：ULVZ）が存在する．図 9.22 に ULVZ の分布を示す．ULVZ の成因については，(1) マントル最下部の部分溶融と重いマグマの存在，(2) 核とマントルの間の反応，(3) 核の物質がマントルに染み出したもの，(4) 外核の金属液体が核マントル境界で結晶化したもの，(5) 鉄に富んだポストペロブスカイト相の存在，(6) 初期マグマオーシャンの残渣の重いマグマの存在など，さまざまな説が存在している．

9.6 核マントル境界とD″層

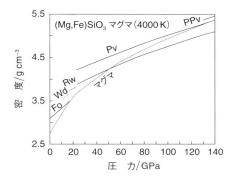

図 9.23 高温高圧下におけるマグマとマントル鉱物の密度 (Mosenfelder et al., 2007; Stixrude et al., 2009 を改編)
下部マントル最下部においては,マグマの密度がブリッジマナイトとほとんど同じ程度になる.
Fo:カンラン石,Wd:ウォズレアイト,Rw:リングウッダイト,Pv:ブリッジマナイト,PPv:ポストペロブスカイト.

マントル最下部に周りのマントルより重いマグマが存在する可能性は古くから指摘されてきた (Ohtani, 1983). マグマの密度に関する 12.5 節で説明するように,マグマは結晶に比べて柔らかく,高圧においては高密度になる.また,マグマと共存する結晶の間の元素分配によると,マグマは結晶に比べて FeO に富む.このような FeO に富んだマグマの高密度化によって,核マントル境界には周囲のマントルに比べて重力的に安定な重いマグマが十分に存在する可能性がある.このような重いマグマの存在は,静的高温高圧実験,衝撃波実験,第一原理計算などさまざまな方法を用いてその存在が予想されている (たとえば, Mosenfelder et al., 2007; Stixrude et al., 2009). 図 9.23 はマグマとマントル鉱物の密度を,核マントル境界までの条件において比較したものである.図のように下部マントル最下部においては,マグマの密度が周りの鉱物とほとんど同じ程度になり,核マントル境界に重いマグマが存在する可能性がある.

最近,核マントル境界の ULVZ の遅い縦波速度と横波速度が,パイライト型の含水鉱物 FeOOH の存在による可能性が指摘されている.ゲーサイト (gaethite, FeOOH) は,約 50 GPa において δAlOOH と同構造の εFeOOH に相転移する.さらに約 70 GPa においてパイライト型 FeOOH に相転移する.この含水鉱物は,核の鉄成分と沈み込んだスラブからの脱水した H_2O との反応によって生成しうる.また,低い縦波速度と横波速度を示し,これが ULVZ に含まれている

第 9 章　マントルの鉱物学

可能性が指摘されている（Mao, 2017）.

9.7　天然に見い出される高圧鉱物

　これまで，地球内部の高温高圧条件のもとで安定な鉱物についての合成研究，物性測定，理論的研究について学んできた．これらの高温高圧鉱物は，地球深部起源の岩石および衝撃を受けた隕石など，天然にも認められている．ここでは，それらの天然に見い出される高圧鉱物の種類，産状について概説する．これらの高圧鉱物の研究は天然の試料から地球内部のテクトニクスや隕石衝突などの現象を解明するために大きく貢献している.

　高圧鉱物はダイヤモンドに含まれる包有物，衝撃を受けた隕石，地表の隕石孔などに産出することがある．天然で見い出され，結晶学的な性質が記載された場合には，新しい鉱物として鉱物名が与えられる．代表的な高圧鉱物については，次節で述べる．これらの高圧鉱物は，おもにその産状から 3 種に分類される.

　第一はマントル深部からもたされる岩石中に含まれるものである．最も普遍的に見い出される高圧鉱物であるダイヤモンドは，マントル深部に由来するキンバライトマグマによって地表に運ばれる．この地球深部起源のダイヤモンドの中には，さまざまな高圧鉱物が包有物として含まれている．ダイヤモンド中の包有物として代表的な高圧鉱物はメージャライトである．すでに図 9.9 に示したように，高温高圧下では輝石成分がザクロ石に固溶し，輝石成分に富んだザクロ石が生じる．この輝石成分を含むザクロ石をメージャライトとよぶ．このようなメージャライトの化学組成に基づいて，この鉱物が形成された圧力（深さ）を推定することができる．このように圧力の指標になるメージャライトなどの鉱物を地質圧力計とよぶことがある（9.2.3 節参照）.

　第二は，地表に見られる隕石孔である．1960 年に，アリゾナ州のバリンジャークレーター（Barringer crater）からコーサイトが発見された．この高圧鉱物は隕石の衝突によって地表のシリカ鉱物が衝撃変成して形成されたものであることが明らかになった．また，スティショバイトも 1962 年に同クレーターから発見されている．さらに，シベリアのポピガイクレーター（Popigai crater）においては，大量の多結晶ダイヤモンドが発見されている．このように，隕石が

地表に衝突することによって，その衝撃によって発生した高温高圧状態によって，これらの高圧鉱物が形成されたことが明らかになっている．

第三は，衝撃を受けた隕石中に見い出されるものである．隕石の多くは，小惑星帯に存在した隕石の母天体が衝突により破壊や合体を受けたという履歴をもっている．隕石において衝突によって高温高圧になり融解した部分は，暗黒色の衝撃溶融脈や衝撃溶融ポケットとして認められる．この部分は，衝撃による高温高圧で融解した部分であり，その内部やマトリックスと脈の境界部分にも，しばしば高圧鉱物が認められている．天然に認められる多くの高圧鉱物は，このような隕石中の衝撃溶融脈や衝撃溶融スポットに見い出されたものである．最近発見された高圧鉱物であるザイフェルタイト，ウォズレアイト（Mg_2SiO_4），リングウッダイト（Mg_2SiO_4），アキモトアイト，ブリッジマナイトなどはすべて，衝撃を受けた隕石中に発見されたものである．月起源隕石や火星起源隕石にも同様に高圧鉱物が見い出されており，これらは月および火星表面での衝突によって形成されたものであると考えられる．また，アポロ着陸船によって月面から回収された岩石中にも高圧鉱物であるスティショバイトが発見されている（Kaneko *et al.*, 2015）．

9.8　天然に見い出される高圧鉱物の命名

自然界において新鉱物が発見された場合には，国際鉱物学連合（International Mineralogical Association：IMA）の新鉱物および鉱物名に関する委員会（commission on new minerals nomenclature and classificatim：CNMNC）に申請され，その委員会において本当に新鉱物であるのかが審査される．そこでの審査によって新鉱物として認定されると，その新鉱物に対して鉱物名をつけることができる．命名のためには，化学組成および結晶学的な性質が十分に記載されていることが必要であり，その鉱物が既知のいかなる鉱物種とも一致した性質を示さず，その不一致が鉱物種の相互間の境界として有意義であると考えられる場合にのみ新鉱物として認定され，命名することができる（加藤，1977）．これらの新鉱物名には内外の著名な鉱物研究者の名前に因んだものが多数存在する．すでに述べたように，高温高圧研究によって，さまざまな高圧鉱物が実験的に合成されている．それらのあるものは，ダイヤモンドなど地球深部からもたら

第 9 章　マントルの鉱物学

された鉱物や岩石中に見い出されることがある．また，衝撃を受けた隕石や地表の隕石孔に見い出されることがある．

　以下に，高温高圧研究に馴染みのある研究者に因んだ鉱物名のみを紹介する．高圧鉱物名は，高圧研究の進んでいる国の研究者に因んだ名前がつけられることが多い．マントル遷移層の研究は，オーストラリアにおいて 1960 年代から 1980 年代かけて進められた．そのために，オーストラリアの結晶学の研究者，Wadsley, A. D.，地球化学者 Ringwood, A. E.，Ringwood の共同研究者であり技官の Major, A. などの名前にちなんでカンラン石の高圧多形としてウォズレイト（wadsleyite）とリングッダイト（ringwoodite），輝石の高圧多形の 1 つである $MgSiO_3$ 成分に富むザクロ石としてメージャライト（majorite）などの鉱物名が用いられている．また，日本の研究者の名前も登場する．マントル遷移層に認められるイルメナイト型の $MgSiO_3$ には東京大学物性研究所の秋本俊一に因んでアキモトアイト（akimotoite），アルミナを含む単斜輝石である $CaAl_2SiO_6$ には東京大学の久城育夫に因んでクシロアイト（kushiroite），また α–PbO_2 型の TiO_2 の高圧相には，学習院大学の赤荻正樹に因んでアカオギアイト（akaogiite）などの名前がつけられている．さらに，高圧鉱物として，SiO_2 のポストスティショバイト相である α–PbO_2 型の高圧相にはドイツ・バイロイト大学バイエルン地球科学研究所の創立者であり初代所長の Seifert, F. に因んでザイフェルタイト（seifertite），Fe_2SiO_4 成分に富んだケイ酸塩尖晶石には，カリフォルニア工科大学の Ahrens, T. J. に因んでアーレンサイト（ahrensite），$FeSiO_3$ 成分に富んだイルメナイト型の輝石の高圧相にはカーネギー研究機構の Hemley, R. に因んでヘムリアイト（hemleyite），そして下部マントルに最も大量に存在する $(Mg,Fe)SiO_3$ 組成のペロブスカイトには，高圧科学の創始者である米国の Bridgman, P. W. に因んでブリッジマナイト（bridgmanite）という鉱物名がつけられている．

第10章 地球核の鉱物学

本章では，近年明らかになってきた地球核に関する物質科学的研究について学ぶ．地球核は液体の外核と固体の内核からなり，鉄ニッケル（Fe–Ni）合金を主とし，さらに少量の軽元素を含んでいると考えられている．本章では，地球核にはどのような元素が存在するのか，地球核の内部の温度構造はどうなっているのかなど，核を解明するために行われている研究の現状について紹介する．

10.1 地球核中の軽元素

地球核は直接手にして分析できないことから，その化学組成はさまざまな方法で推定されている．宇宙存在度の Fe/ケイ素（Si）比はほぼ1に近いが，図1.6 に示した地殻＋マントル中の鉄は C1 コンドライト存在度の 0.08〜0.12 程度に枯渇しており，この枯渇は鉄が核に存在することを示唆するものである．分化した隕石に鉄隕石や石鉄隕石があることも，地球の核の主要成分が金属鉄であることを示唆している．隕石の化学組成や地殻・マントル由来の岩石の化学分析に基づいて，地球の核は金属鉄とニッケルが主成分であると考えられている．さらに，地震学的に決められた核の密度は，核の温度・圧力条件での鉄とニッケルの合金の密度に比べて小さいことから，核には鉄とニッケルに加えて，これらよりも軽い元素，すなわち軽元素が含まれていると考えられている．軽元素の候補としては，Si，硫黄（S），酸素（O），炭素（C），水素（H）などが提案されている．核の軽元素の種類と量を決定することは，地球内部科学の

99

第 10 章　地球核の鉱物学

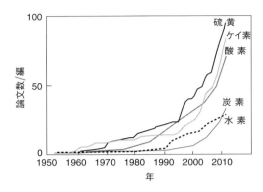

図 10.1　さまざまな核の軽元素についての論文の数 (Poirier, 1994 および Hirose et al., 2013 をもとに作成)
硫黄，酸素，ケイ素が古くから指摘されているが，最近水素の可能性や炭素の可能性が提案されている．

最も重要な課題の1つである．これまで，核の軽元素についてはさまざまな可能性が示唆されてきた．図 10.1 に年代による核の軽元素についての論文数の推移を示す (Poirier, 1994; Hirose et al., 2013)．年代によって，核の軽元素の研究にはさまざまな流行があることがわかる．しかしながら，現在においても核の軽元素についての決定的な結論は得られていない．

核に含まれる軽元素は，決して1種類ではなく，複数の軽元素が共存しているというのが現在の共通認識であり，どの元素が主要な構成元素であるのかを明らかにすることが重要になっている．一般に核をつくる軽元素の種類は，核の形成時における温度，酸化還元雰囲気など，当時の形成環境を反映していると考えられる．したがって，核の軽元素の種類と存在度を解明することは，地球の形成過程，分化過程を解明する手掛かりになる．また，地球の形成過程のモデルは核の軽元素の種類に制約を与えることになる．たとえば，地球の形成が高温であり還元的な雰囲気であるならば，一般に金属鉄中にケイ素が取り込まれやすい．他方，低温酸化的な環境では，酸素，硫黄などが取り込まれやすくなる．また，軽元素は地球の集積過程にも依存する．初期地球は分化した半径数十〜100 km の微惑星が集積したものと考えられている．これらの微惑星の内部では金属とケイ酸塩の分化が進み，すでに核をもっていたものと考えられている．したがって，微惑星由来の金属核には，高温高圧において融解温度を

大きく下げる硫黄などの元素が取り込まれていた可能性がある．

　地球の形成過程は，集積の初期と後期で集積する物質が異なっていた可能性も指摘されている．集積の初期はより高温で還元的な物質が集積し，後期にはより低温の酸化的・始原的な物質が集積した可能性も指摘されている（たとえば，Rubie *et al.*, 2011）．地球の集積・分化の諸過程のモデルを地球核の軽元素組成に基づいて検証することは，今後の重要な課題である．

10.2　高温高圧下における鉄–軽元素系の相関係

　核の地震学的研究によると，外核は液体であり内核は固体である．外核は圧力 $135\sim330\,\mathrm{GPa}$，温度 $3000\sim5000\,\mathrm{K}$ に及ぶ地球における最も大きなマグマ溜りであるといえる．また，内核は固体であり，内核の温度・圧力条件（$330\sim365\,\mathrm{GPa}$, $5000\sim7000\,\mathrm{K}$）においては，鉄合金が高温高圧で安定な相になっている．図 4.2 に示したように，地球核の密度は，**六方最密充填**（hexagonal close packing：hcp）**構造**の Fe–Ni 合金に比べて数％小さい．したがって，核にはこの合金の密度を小さくする軽元素が含まれていると考えられている．このような地球核の構造を解明するために，高温高圧下において金属鉄と軽元素を含む系の相平衡関係および溶融関係を明らかにする研究が精力的に行われている．

　地球核の主要成分は金属鉄である．したがって，高温高圧下における金属鉄の相関係は，地球核を解明するために非常に重要である．図 10.2 に純鉄の相平衡図を示す．金属鉄には，いくつかの高圧多形が存在する．常温常圧では**体心立方格子**（body center cubic lattice：bcc）をもつ立方晶の構造が安定であるが，常圧高温では**面心立方格子**（face center cubic lattice：fcc）の立方晶系の構造が安定になる．fcc 構造の鉄は高温高圧で広い安定領域をもっている．しかしながら，約 $10\,\mathrm{GPa}$ を超える高圧では hcp の正方晶系の構造が安定になる．これらの結晶構造を模式的に図 10.3 に示す．地球内部の高温高圧下においては，内核は hcp–Fe からなるものと一般的には考えられている（Tateno *et al.*, 2010）．しかしながら，不純物を含む場合には bcc 構造の鉄が安定化するとの議論もあり，内核がどのような結晶構造をもつのかについては論争が続いていて，いまだ決着はついていない（Belonoshko *et al.*, 2003）．

　鉄合金を含む金属–軽元素系の相平衡関係には，（1）固溶体系の相平衡関係

第 10 章 地球核の鉱物学

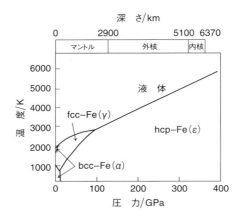

図 10.2 鉄の相平衡図 (Shen et al., 1998)

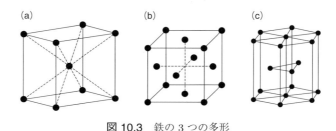

図 10.3 鉄の 3 つの多形

鉄には (a) 体心立方格子 (bcc-Fe), (b) 面心立方格子 (fcc-Fe), (c) 六方細密充填格子 (hcp-Fe) の 3 つが知られている. その安定領域は図 10.2 に示す.

と (2) 共融系や包晶系の相平衡関係の 2 種類が存在する. 固溶体系の相関係の例として, Fe–Si 系の溶融関係が典型的なものである. この系の鉄端成分側では鉄原子とケイ素原子が固溶体を形成することに特徴がある. 同様な相関係は Fe–H 系においても見られる. この系においても鉄の固体と液体に水素が連続的に溶け込む. Fe–Si 系および Fe–H 系の相関係を図 10.4 に示す (Fischer et al., 2013; Fukai et al., 1992).

共融系や包晶系の相関係は, Fe–S 系や Fe–O 系に見られる. これらの系の相関係を図 10.5 に示す (Kamada et al., 2012; Ringwood and Hibberson, 1990). この溶融関係においては, 端成分に比べて融点が大きく減少するという特徴がある. したがって, 核にこれらの元素が含まれると, 固体の内核の融点が大き

10.2 高温高圧下における鉄-軽元素系の相関係

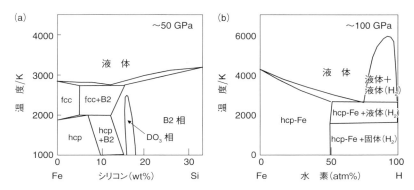

図 10.4 高圧下における (a) Fe-Si 系 (Fisher et al., 2013), (b) Fe-H 系の相関係 (Fukai et al., 1992)

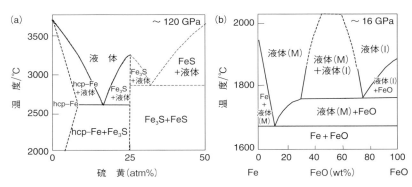

図 10.5 (a) Fe-S 系 (Kamada et al., 2012 を改編), (b) Fe-O 系の相関係 (Ringwood and Hibberson, 1990)
(b) 液体(M)：金属液体, 液体(I)：イオン性流体.

く減少し, 固体の内核を維持するための核の温度は純鉄の融点よりもはるかに低くなる. このように核に含まれる軽元素は核の融点を下げ, 核の熱構造や外核の対流運動, 核からマントルへの熱の移動など, 核のダイナミクスにも大きく影響する.

第 10 章　地球核の鉱物学

10.3　地球核物質の融解と核の温度

　第 12 章で詳しく説明するサイモンの式やクラウト・ケネディの式は，実験で決められた融点を高圧条件に外挿する際にしばしば用いられる．図 10.6 に高温高圧実験によって決定された核内部の圧力（123 GPa）における Fe–S 系の溶融関係（Kamada et al., 2012）を示す．この図のように，超高圧においては 7atm％程度の硫黄が hcp–Fe（ε–Fe）に溶け込むことが明らかになっている．したがって，低圧では共融系を示す典型的な Fe–S 系においても，超高圧では硫黄の少ない組成領域においてではあるが，hcp–Fe に硫黄が固溶し固溶体系の溶融関係を示す．

　図 10.7 に Fe–S–O 系の溶融関係（Terasaki et al., 2011）を示す．この実験は，約 120〜170 GPa の外核条件において，Fe–S–O 系の融解関係を明らかにしたものである．330 GPa の内核境界は液体の外核と固体の内核の境界であるので，内核境界の温度はこの圧力におけるリキダス温度とソリダス温度の間にあるものと考えることができる．図 10.8 では，これらの系のソリダス温度とリキダス温度をクラウト・ケネディ式を用いて 330 GPa まで外挿した．この外挿によって，内核境界の温度を約 5500 K と推定することができる．さらに，液体の外核は激しく対流し，地球磁場の起源となる**地球ダイナモ**（geodynamo）を駆動している．したがって，外核の内部は断熱温度勾配を示すことになる．断熱

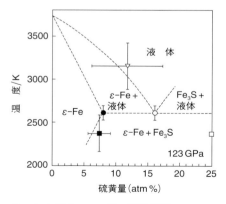

図 10.6　123 GPa における Fe–S 系の溶融関係（Kamada et al., 2012）

10.3 地球核物質の融解と核の温度

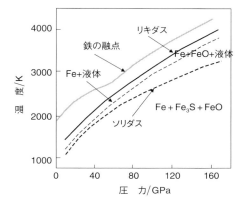

図 10.7 高圧下における Fe–S–O 系の融解と核の温度（Terasaki *et al.*, 2011）

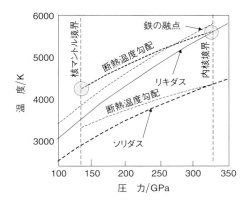

図 10.8 融解温度から見積もられる核の温度（Terasaki *et al.*, 2011）
Fe–S–O 系のリキダス温度は，内核境界（ICB）温度の目安になる．断熱温度勾配は Stacey and Davis（2008）による．

変化をしている媒質においては，以下の関係が成り立つ．

$$\left(\frac{\partial \ln T}{\partial \ln \rho}\right)_S = \gamma$$

ここで T は温度，ρ は密度，γ はグリュナイゼン定数（3.4.4 項参照）である．

外核内部が断熱温度勾配をもつとすると，核マントル境界の温度（T_{CMB}）と内核境界の温度（T_{ICB}）の間には以下の関係がある．

第 10 章 地球核の鉱物学

$$T_{\mathrm{CMB}} = T_{\mathrm{ICB}} \left(\frac{\rho_{\mathrm{CMB}}}{\rho_{\mathrm{ICB}}} \right)^{\gamma}$$

ここで ρ_{ICB} および ρ_{CMB} はそれぞれ，内核境界（330 GPa）および核マントル境界（135 GPa）における液体の外核の密度であり，約 1〜1.5 程度である（Stacey, 1995; Stacey and Davis, 2008）．この関係式から，内核境界の温度が約 5500 K のとき，核マントル境界の核側の温度は約 4300 K と推定される．以上の考察から推定される核マントル境界および核内部の温度分布を図 10.8 に示す．

10.4 核の密度と軽元素

地球核の密度は，hcp 構造の純鉄の密度に比べて小さい．地球核には数％の重いニッケルが含まれており，Fe-Ni 合金の密度はさらに大きくなる．地球核の条件での金属鉄の密度と地球内部構造モデル（PREM）の地球核の密度の比較を図 10.9 に示す（Badding et al., 1992）．この図のように，PREM の密度と hcp-Fe の密度を比較することによって，外核と内核ともに純鉄よりも低密度であることがわかる．したがって，このことからも外核および内核には鉄より軽い元素すなわち軽元素が含まれていると考えることができる．すでに述べたように，核の軽元素の候補として，ケイ素，硫黄，酸素，炭素，水素などさまざまな元素が提案されている．このような核に含まれる軽元素の種類と量を特定す

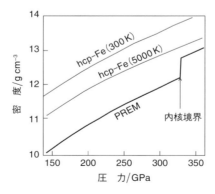

図 10.9 地球核の条件での金属鉄と PREM の地球核の密度（Badding et al., 1992）

ることは，地球核の研究にとって，最も重要な課題のひとつである．また，軽元素の種類を特定することは，初期地球における核の形成過程を解明することにつながる．すなわち，核形成過程が比較的低温で，酸化的環境で進行した場合には，硫黄や酸素などが核の主要な軽元素となる．他方，高温で還元的な環境で核が形成されるならば，ケイ素が核に取り込まれる可能性がある．核の軽元素の種類と量を推定するためには，地球核の条件において，鉄–軽元素合金の密度と音速（V_P, V_S）を決定することが重要である．PREM の外核の密度は核の温度・圧力において，固体の金属鉄よりも 10% 小さく，内核は 5% 程度小さいことが明らかになっている．したがって，地球核にはその密度を小さくする軽元素を含んでいるといえる．鉄–軽元素合金の密度は，実験や理論計算によって決定しやすい物性値である．一方，地震学的研究によって得られる最も信頼できる情報は地震波速度分布である，これに対して密度分布は自由振動の観測による慣性モーメントの値に基づいているために，核の密度の決定精度はあまりよくない．そのため，核の研究を進めるためには，地震学的研究において核の密度の決定精度を改善するとともに，地球の物質科学的研究において，核の温度・圧力条件における鉄–軽元素合金の音速の決定が不可欠になっている．

10.5　鉄の音速–密度関係の温度圧力依存性

4.3 節で示したように，地球物質の音速–密度関係は，温度と圧力によって変化する．このような音速–密度関係はバーチ（Birch）の法則として示されるように，音速と密度の線形の関係式に従って変化するのか否か，線形の関係に従って変化する場合には，この関係が温度と圧力によってどのように変化するのかを明らかにすることは，実験的に決定された音速と密度を核の条件に外挿するために不可欠である．図 10.10 に，地球核を構成すると考えられている hcp-Fe（ε–鉄）の室温における縦波速度と密度の関係を示す（Antonangeli and Ohtani, 2015）．衝撃波実験によって得られたユゴニオ（ランキン・ユゴニオの状態方程式に従う温度圧力変化）に沿った音速と密度の関係もこの図に示した．ユゴニオに沿った温度・圧力条件は，高圧では断熱圧縮温度よりもさらに高温となる．この図から明らかなように，室温（300 K）のもとでは，hcp-Fe の密度と縦波速度には線形の関係があり，バーチの法則に従う．さらに，図に示した衝撃波実験に基づく

107

第 10 章 地球核の鉱物学

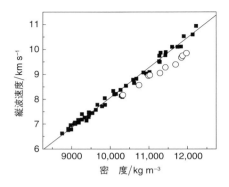

図 10.10　室温における hcp-Fe（ε–鉄）の縦波速度と密度の関係（Antonangeli and Ohtani, 2015）
静的高圧実験結果（■）と衝撃波実験（ユゴニオ）結果（○）の比較.

ユゴニオの条件における密度と音速の関係は，室温の関係から大きくずれており，hcp-Fe のバーチの法則は，明確に温度依存性をもつことが明らかである.

10.6　金属鉄合金の音速–密度関係と核の軽元素

地球核の候補となるさまざまな鉄–軽元素合金について，これまで多くの弾性波速度の測定が行われている．測定には，超音波法，X 線核共鳴非弾性散乱法（NRIXS または NIS，8.1.6 項参照）および X 線非弾性散乱法（IXS，8.1.5 項参照）などの音速測定法とさまざまな高圧装置を組み合わせることによって行われてきた．これらの測定方法については，8.1.5 および 8.1.6 項で詳しく述べた．とくにダイヤモンドアンビル高圧装置と X 線非弾性散乱法を用いて，さまざまな鉄–軽元素系の合金に対して高温高圧下での音速測定の試みがなされており，現在のところ 160 GPa を超える超高圧条件で 3000 K までの測定が行われている（Sakamaki et al., 2016）．しかしながら，地球の内核の条件（330 GPa 以上，5000 K 以上）での測定はまだ行われておらず，内核の音速は外挿によって推定されているにすぎない．

外核を構成する鉄系の液体の音速および密度の測定にはさらに困難を伴う．鉄–軽元素系の液体の密度や音速（V_P）の測定には，主としてマルチアンビル高圧装置やパリ・エジンバラセル高圧装置（6.2.2 項参照）が用いられている．こ

10.6 金属鉄合金の音速–密度関係と核の軽元素

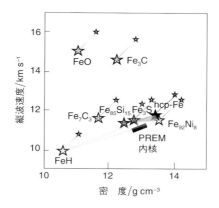

図 10.11 金属鉄や鉄系元素合金・化合物の密度と音速の関係（Sakamaki et al., 2016）PREM の内核と比較している．

れらの装置を用いて 15 GPa 程度までの圧力において，X 線吸収法や浮沈法を用いて密度の測定が行われ，音速測定については主として超音波法を用いて測定が行われているが，外核の条件で密度や音速を求めるには温度と圧力について大きな外挿が必要になっている．近年，衝撃波実験によって，ユゴニオの条件ではあるが，核の圧力条件をカバーする音速と密度の測定が可能になっている（Huang et al., 2011）．またダイヤモンドアンビル高圧装置と X 線非弾性散乱測定を用いて鉄系元素液体の高温高圧下での音速を測定する試みもなされている（Nakajima et al., 2015）．これらの実験では測定精度をさらに改善する必要があり，地球の外核の条件での鉄–軽元素系の融体の密度と音速の測定はいまだ不十分であり，今後の重要な研究課題になっている．

図 10.11 に，これまでに測定されている金属鉄や鉄系元素合金・化合物の密度と音速の関係を，PREM の内核の音速・密度と比較して示す．この図においては，核の中心（360 GPa, 5500 K）および内核境界の条件（330 GPa, 5500 K）に外挿した縦波速度と密度の値をそれぞれ小さい星印および大きい星印で示している（Sakamaki et al., 2016）．この図によると PREM の内核の縦波速度と密度を説明する軽元素は，硫黄，ケイ素，水素であり，鉄と酸素や炭素の化合物の音速は非常に大きく，これらの元素は内核の主要な軽元素としては説明しにくいことがわかる．

第11章 地球内部の熱源とニュートリノ地球科学

　地球にはプレートの運動，そしてそれに伴う地震現象や火山現象などの構造運動が存在する．それらは，地球に蓄えられている熱エネルギーによって駆動される．その意味で地球は**熱機関**（heat engine）である．地球の熱源には大きく分けて2つが考えられる．第一は地球形成時の集積および核の分離に伴う重力エネルギーの開放による熱，第二は放射性同位体の崩壊熱である．本章ではこれら地球の熱源について考えよう．

　地球内部の熱源を推定するためには，第二の放射性同位体の地球内部での分布を知ることが必要になる．近年，放射性同位体であるウラニウム（U）やトリウム（Th）の崩壊に伴うニュートリノ（neutrino）が観測され，これに基づいて地球内部の熱源の分布を直接観測できる可能性が見えてきた．この分野をニュートリノ地球物理学（neutrino geophysics）とよぶこともある．本章では，新たな地球内部観測の手法として研究が始まっているニュートリノ地球科学についても触れる．

11.1　地球の熱源：地球集積・核形成に伴うエネルギー

　重力エネルギーは衝突によって熱エネルギーに変換される．この際の熱エネルギーの一部は地球内部に蓄えられ，地球を暖めるのに使われる．どの程度の熱エネルギーが地球に蓄えられるのかは，地球集積時の原始大気の存在有無にもよっている．林 忠四郎（1920～2010年）らの京都モデルによると，地球が集

表 11.1　地球核の分離に伴い解放される重力エネルギーと温度の上昇効果（Basaltic Volcanim Study Project, 1981）

天　体	天体の半径/km	核の半径/km	エネルギー散逸/J	温度上昇/K
地　球	6378	3485	1.5×10^{31}	2300
火　星	3397	1400〜2100	$(1.8〜2.3) \times 10^{29}$	300〜330
水　星	2439	1840	2×10^{29}	680
月	1738	〜200	1×10^{27}	10

積時に原始太陽系星雲の水素（H）を主とする還元的な原始大気に覆われている場合には，そのブランケット効果（blanket effect）によって，地球の表面は高温になり融解する．その結果，深いマグマオーシャンが形成される（Hayashi et al., 1979; Sasaki and Nakazawa, 1990）．他方，地球集積が原始太陽系の始原大気の散逸のあとで進行した場合には，ブランケット効果の影響は小さい．この場合には，微惑星の衝突に伴う地球集積によって，水蒸気を主とする酸化的な 2 次大気が形成される（Abe and Matsui, 1985）．現在の地球大気には，原始太陽系星雲の原始大気の痕跡が認められないので，現状では後者のモデルが一般的には受け入れられている．

金属鉄（Fe）とケイ酸塩が混合した始原天体から，重い金属の核が重力分離する際の重力エネルギーの散逸量を表 11.1 に示す．この表から明らかなように，地球のような大きな惑星では核分離に伴う重力エネルギーによって 2000 K を超える温度上昇が起こるが，月のような小さな天体においては温度上昇は無視しうることがわかる．

11.2　地球内部の放射性熱源と熱収支

地球の表面からの熱の散逸と地球内部での放射性同位元素の崩壊に伴う発熱の間の熱収支は，地球のテクトニクスを理解するうえで大変重要である．それは，地球がその熱エネルギーによって，マントル対流，火山・地震現象，テクトニクスなど地球内部の運動が駆動される"熱機関"であるからである．

地球の表面から宇宙空間への熱の散逸量は，地殻熱流量から見積もられる熱エネルギー約 $80\,\mathrm{mW\,m^{-2}}$ 程度になる．この量は，太陽光として太陽から放出される光から地球軌道付近で地球が得る毎秒の熱エネルギー約 $1.37\,\mathrm{kW\,m^{-2}}$（太

第 11 章　地球内部の熱源とニュートリノ地球科学

陽定数，solar consant）に比べてはるかに小さい．しかしながら，これを全地球表面で積分すると全地表から散逸する熱エネルギーは $47 \pm 2\,\mathrm{TW}$（テラワット，$10^{12}\,\mathrm{W}$）と非常に大きな量になる（Davis and Davies, 2010）．

　それでは，マントル・地殻における熱の生成および熱の収支はどのようになっているのであろうか．マントル・地殻には，地表から大気を通して宇宙空間への熱エネルギーが散逸するとともに，高温の核からマントルに熱が流入する．これに加えて，マントル・地殻での放射性元素の崩壊に伴う熱の生成が存在する．核内部にどの程度の熱源が存在するかについては議論が分かれており，今後の研究が待たれている．

　以下ではそれぞれの熱エネルギー量を見積もってみよう．現在の地殻・マントル内部を高温にしている熱エネルギーは，第一に（1）地球形成期の熱，すなわち微惑星の衝突と核の分離に伴う重力エネルギーの開放による熱である．それに加えて，（2）地殻・マントルに存在する放射性元素の崩壊に伴う発熱がある．さらに，（3）核からマントルへの熱エネルギーの流入が存在する．地殻・マントルに存在する放射性元素は，ウラニウム（$^{235}\mathrm{U}$, $^{232}\mathrm{U}$），トリウム（$^{232}\mathrm{Th}$），カリウム（$^{40}\mathrm{K}$）である．これらのうち，U と Th は難揮発性元素であり，K はやや揮発性の元素に属する．地球はやや揮発性の元素 K に枯渇しており，地球における K/U 比は約 10^4 程度であり，C1 コンドライトの K/U 値（$(5\sim8) \times 10^4$）よりも小さい．このような K に枯渇した地球においては，現在の放射性 $^{40}\mathrm{K}$ による発熱量は U および Th と同程度になる．放射性元素の崩壊に伴う発熱量は，U と Th でそれぞれ $8\,\mathrm{TW}$ 程度，K は $3\,\mathrm{TW}$ 程度であり合計 $20\,\mathrm{TW}$ となる．表 11.2 にこれらの放射性元素の濃度，半減期，崩壊によって発生する熱を記した．これらの元素のうち $^{235}\mathrm{U}$ と $^{40}\mathrm{K}$ は半減期が短く，現在では濃度が低くなっている．一方，$^{232}\mathrm{Th}$ は 140 億年という長い半減期をもち，相対的に高い濃度を保っている．

　図 11.1 に，これらの放射性元素の量と発熱量の時間変化をまとめた（Tajika et al., 2008）．この図に示すように，現在では $^{238}\mathrm{U}$, $^{232}\mathrm{Th}$ が主要な熱エネルギー源となっているが，地球史の初期においては $^{235}\mathrm{U}$ や $^{40}\mathrm{K}$ が重要な熱源になっていた．また，現在の地球では $24\,\mathrm{TW}$ 程度の放射性熱源が存在するが，初期地球においては，現在の $4\sim5$ 倍の $100\,\mathrm{TW}$ 以上の熱源が存在したと考えられている．

11.2 地球内部の放射性熱源と熱収支

表 11.2 地球の熱史に重要な放射性同位体の濃度，半減期，崩壊によって発生する熱（Turcotte and Schubert, 2002）

同位体	崩壊熱/10^{-5} W kg^{-1}	半減期/億年	濃度/10^{-9} kg kg^{-1}
^{238}U	9.46	44.7	30.8
^{235}U	56.9	7.04	0.22
^{232}Th	2.64	140	124
^{40}K	2.92	12.5	36.9

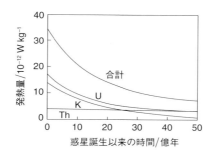

図 11.1 地球に存在する放射性同位体による発熱量の時間変化（Tajika, 2008; 田近, 2014）

マントルには，高温の核から熱の流入が存在する．マントルに流入する熱エネルギーは，核マントル境界における温度勾配と熱伝導度から見積もることができる．核はこの熱のマントルへの流出によって冷却し，地球ダイナモが駆動されることになる．地球ダイナモを駆動する核からマントルに流出する熱エネルギーは 6〜10 TW 程度であると考えられている．この核から流出する熱エネルギーの内訳は，核の形成時の熱 5〜9 TW，内核が結晶化する際の潜熱 0.34 TW 程度の合計になる．さらに核に熱源が存在する場合には，その熱源が加わることになるが，核中には ^{40}K などの熱源が存在する可能性が指摘されている．核内部に放射性熱源が存在するか否かは，未解決の重要な研究課題になっている．

核の放射性熱源が無視できるとするとき，地殻とマントルにおいて放射性熱源の開放による発熱量 24 TW と地表から宇宙空間に放出される熱の散逸 44 TW の比を**ユーリー比**（Urey ratio）とよんでいる．現在の地球のユーリー比は 0.55 となり 1 よりかなり小さい．これは，地球の冷却の程度を示しており，地球が経年的に冷却しつつあることを示している．

11.3 地球内部の温度とダイナミクス

地球内部の温度分布は，現在でも最も不確かな物理量のひとつである．地球内部の温度推定は，地球内部からの熱流量と熱伝導度の測定に基づいた地温勾配の推定とともに，地質温度計による推定，地球内部物質の相転移境界や融解温度などの物性値を地震波速度分布などの観測と対応することによって，総合的に行われている．図 11.2 に地球内部の温度分布を示す．

地球表層部の地温勾配の推定は，地殻熱流量の測定とその場所に存在する岩石の熱伝導率の測定に基づいて行われる．一般に，地殻熱流量 Q は，$Q = K \mathrm{d}T/\mathrm{d}Z$ と表すことができる．ここで K は**熱伝導度** (thermal conductivity)，Z は深さ，$\mathrm{d}T/\mathrm{d}Z$ は**地温勾配** (geothermal gradient, geotherm) である．地表の平均的な地殻熱流量は $10^{-6}\,\mathrm{cal\,cm^{-2}\,s^{-1}} \approx 4.2 \times 10^{-2}\,\mathrm{J\,m^{-2}\,s^{-1}}$ 程度であり，これを **1 熱流量単位** (heat flow unit：HFU) とよんでいる．地殻の岩石の熱伝導度 K は，$5 \times 10^{-3}\,\mathrm{cal\,cm^{-1}\,s^{-1}\,K^{-1}}$ 程度であり，地温勾配は $\mathrm{d}T/\mathrm{d}Z \sim 20\,\mathrm{K\,km^{-1}}$ 程度になる．すでに 2.3.1 項で述べたように，固体のマントルの対流運動に伴うマントル内部の断熱温度勾配は $0.2\,\mathrm{K\,km^{-1}}$ 程度であり，地表付近の温度勾配

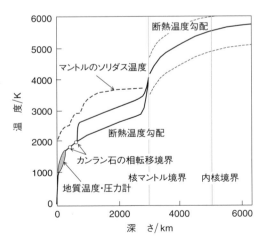

図 11.2 地質温度・圧力計，相転移境界，融解温度などを総合して得られる地球内部の温度分布（Karato and Ohtani, 1993）

11.3 地球内部の温度とダイナミクス

は，マントル内部の断熱温度勾配よりもはるかに大きい．

上部マントルの温度は，マントル由来のカンラン岩に含まれる輝石やザクロ石の化学組成に基づいた地質温度計に基づいて推定することができる．代表的なものは，輝石温度計とよばれるものである．輝石温度計はすでに9.2.3項で述べ，図9.8に示したように，斜方輝石中のカルシウム（Ca）成分の量は温度に敏感な量であり，これを決定することによってこの鉱物の生成時の温度を推定することができる．地質温度計はかつてその鉱物が存在した温度・圧力条件を，化石として凍結しているものである．

すでに第9章で述べたように，マントル遷移層での温度は，410 kmおよび660 km不連続面とカンラン石固溶体のカンラン石–ウォズレアイト転移，およびリングウッダイトの分解の境界を対応づけることによって，推定することができる．地震波不連続面とカンラン石の相境界との対応を図9.10に示した．この対応づけによって，マントル遷移層のカンラン石相転移境界の温度が410 km不連続面では約1450℃，そして660 km不連続面では約1600℃と推定することができる．下部マントルは固体のマントル対流運動のために断熱温度勾配をもつと考えられている．下部マントルの断熱温度勾配は

$$\frac{\mathrm{d}T}{\mathrm{d}Z_{\mathrm{ad}}} = \left(\frac{\alpha VT}{C_p}\right)\rho g = \frac{g\alpha T}{C_p}$$

の関係式から約 $0.2\,\mathrm{K\,km^{-1}}$ 程度とみなされている．したがって，核マントル境界のマントル側の温度は約2500 K程度になる．しかしながら，上部および下部マントルにそれぞれ対流があり，マントル対流が二層対流的である場合には，下部マントル最上部に熱境界層が存在する可能性がある．この場合には，下部マントルの最上部においては大きな温度勾配が存在し，下部マントルの温度は数百K程度高くなる可能性がある．したがって，図11.2に示したように，下部マントルの温度には大きな不確かさが残っている．マントル最下部は，図9.22のように局所的に地震波の超低速度帯ULVZが存在するが，大規模には融解していない．すなわち，マントルの温度の上限は，マントル物質のソリダス温度であるということもできる．

外核が液体であるということから，核マントル境界の核側の温度への制約は，鉄–軽元素系の合金または化合物のリキダス以上の温度ということになる．さらに，内核境界の温度は，内核は固体であることから，内核をつくる鉄–軽元素

115

第 11 章 地球内部の熱源とニュートリノ地球科学

系のリキダス温度が内核境界における核の温度の上限を与えることになる．内核境界の温度が鉄系元素系のリキダス温度を超えると，固体の内核は存在しえないことになる．図 10.8 で示したように，核の軽元素が硫黄（S）および酸素（O）であると仮定すると，内核境界の温度は約 5500 K 程度となる．外核は液体であり内部で激しい対流運動をしていると考えられる．したがって，外核内部は断熱温度勾配になることが期待される．外核内部の温度勾配が断熱的であると仮定すると，核マントル境界の核側の温度は約 4300 K となる．

　これに対してすでに述べたように，最下部マントルの温度は 2500〜3000 K 程度であると考えられる．このことから図 11.2 の地球内部の温度分布に示すように，核マントル境界付近（D″ 層）は大きな温度勾配をもつことがわかる．このような核マントル境界の大きな温度勾配は，核内部からマントルに向かって 6〜10 TW 程度の熱エネルギーが散逸しつつあることを意味している．このように，核が高温であり核マントル境界にこのように大きな温度勾配が存在することは，核の冷却に伴って外核内部に熱対流が存在することを意味しており，この熱対流は地球磁場の原因である地球ダイナモの駆動に不可欠なものとなっている．

11.4　地球ニュートリノと地球内部の熱源

11.4.1　ニュートリノとは

　物質を構成する最小の粒子を**素粒子**（elemental particle）という．図 11.3 に示すように素粒子は陽子や中性子を構成する**クオーク**（quark）と電子の仲間である**レプトン**（lepton）に分類され，いずれも 6 種類存在することがわかっている．レプトンのうちの 3 種類は電荷をもたず，これをニュートリノとよんでいる．ニュートリノは他の物質と反応しにくく，物質内の透過性がよいために，検出が非常に困難であり，最近までこれに質量があるか否かも不明であった．しかし，1990 年以降，ニュートリノが質量をもつ場合に起こる "ニュートリノ振動" が実際に観測されるようになった．上で述べたように，ニュートリノは 3 種類存在し，質量があると時間とともに別の種類のニュートリノに周期的に変化する．これが**ニュートリノ振動**（neutrino oscillation）である．

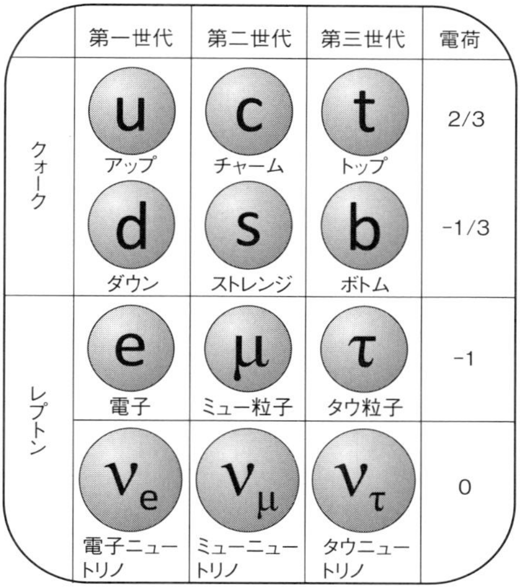

11.4 地球ニュートリノと地球内部の熱源

図 11.3　素粒子とニュートリノ（KAMLAND web ページ）

　このようなニュートリノが他の物質と反応しにくいという性質を利用して，太陽の中心，地球の内部，原子炉の内部など，外からは直接見えないものを観測する手段として利用することができる可能性がある．近年，素粒子レプトンのひとつである**ミュー粒子**（ミューオン，muon）を用いて震災で被害を受けた原子炉内部やエジプトのピラミッド内部を透過するなど，素粒子を用いた応用研究も行われている．

　放射性同位体である ^{238}U，^{235}U，^{232}Th，^{40}K が崩壊する際に，以下の反応式のように，素粒子である反電子ニュートリノ（アンチニュートリノ）を放出する．この地球内部起源のニュートリノを**地球ニュートリノ**（geonutrino）とよぶことがある．

$$^{238}\text{U} \longrightarrow {}^{206}\text{Pb} + 8\,{}^{4}\text{He} + 6\,\text{e}^{-} + 6\,\bar{\nu}_\text{e} + 51.7\,[\text{MeV}]$$

$$^{232}\text{Th} \longrightarrow {}^{208}\text{Pb} + 6\,{}^{4}\text{He} + 4\,\text{e}^{-} + 4\,\bar{\nu}_\text{e} + 42.7\,[\text{MeV}]$$

$$^{40}\text{K} \longrightarrow {}^{40}\text{Ca} + \text{e}^{-} + \bar{\nu}_\text{e} + 1.32\,[\text{MeV}]$$

ここで $\bar{\nu}_\text{e}$ は地球ニュートリノである．

　地球内部の放射性熱源の崩壊に起因するニュートリノの存在は George Gamow

第 11 章　地球内部の熱源とニュートリノ地球科学

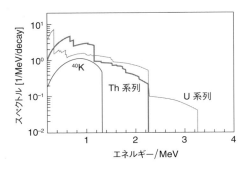

図 11.4　地球ニュートリノのエネルギーのスペクトル（榎本，2005）

（1904〜68 年）によって 1953 年の手紙のなかで予言された．この予言は，2010 年に東北大学の研究者を中心とするカムランド観測グループ（次項参照）によって，世界に先駆けて観測された．図 11.4 に地球ニュートリノのエネルギーのスペクトルを示す．図に示すように，地球ニュートリノは，^{238}U，^{235}U，^{232}Th，^{40}K の崩壊の反応によって異なるエネルギーをもつ．現在のところ U および Th の崩壊に伴う地球ニュートリノのみ測定が可能になっている．これらの観測に基づいて，地球内部の U および Th の存在量や分布が明らかになる可能性がある．地球ニュートリノの発見は地球科学に新たな方法を導入するものであり，今後の発展が期待される．

11.4.2　地球ニュートリノの観測と地球内部の熱源

カムランド（KamLAND）は Kamioka Liquid Scintillator Anti-Neutrino Detector すなわち "神岡液体シンチレーター反ニュートリノ検出器" のことである．この検出器は，世界最大の 1000 t に及ぶ液体シンチレーターを用いたニュートリノ検出器であり，岐阜県飛騨市神岡町にある神岡鉱山の跡地の地下実験室に設置されている．この検出器によって，地球ニュートリノの発見に引き続いて，その連続観測が世界に先駆けて行われている．

表 11.3 に地球内部の U, Th の分布の標準モデルを示す（Rudnick and Fountain, 1995; McDonough and Sun, 1995）．このモデルでは大陸性堆積物，海洋性堆積物，上部地殻，中部地殻，下部地殻，上部マントル，下部マントル，内核，外核などにおけるこれらの放射性元素の濃度分布を示している．この表に

11.4 地球ニュートリノと地球内部の熱源

表 11.3 U, Th の分布の標準モデル (Rudnick and Fountain, 1995; McDonough and Sun, 1995)

	標準地球化学モデル濃度 (ppm)		発熱量/TW		ニュートリノフラックス $\times 10^5 (1\,cm^{-2}\,s^{-1})$	
	U	Th	^{238}U	^{232}Th	^{238}U	^{232}Th
大陸性堆積物	2.8	10.7	0.26	0.26	0.61	0.51
海洋性堆積物	1.7	6.9	0.07	0.07	0.14	0.12
大陸上部地殻	2.8	10.7	1.85	1.86	11.5	9.57
大陸中部地殻	1.6	6.1	1.17	1.17	4.31	3.57
大陸下部地殻	0.2	1.2	0.14	0.22	0.53	0.69
海洋地殻	0.1	0.22	0.04	0.02	0.09	0.04
上部マントル	0.012	0.048	1.28	1.35	2.2	1.91
下部マントル	0.012	0.048	3.52	3.71	4.03	3.51
外 核	0	0	0	0	0	0
内 核	0	0	0	0	0	0
地球のケイ酸塩部分 (bulk silicate earth:BSE, 地殻+マントル)	0.0203	0.0795	8.18	8.44	23.4	19.9

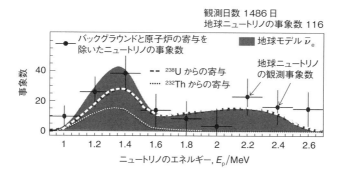

図 11.5 カムランドにおけるニュートリノ観測 (Gando et al, 2013)
観測値は U, Th の標準地球モデルと一致する.

は, U, Th の分布で期待される放射性元素による発熱量も示してある. また, U と Th の地球内部での分布に対して予想される地球ニュートリノのフラックスも示してある. この表から, 地球ニュートリノの観測値は標準地球モデルを説明できることがわかる. 図 11.5 で観測された地球ニュートリノのスペクトルと標準地球モデルから予想されるスペクトルを比較する.

第12章 融解現象とマグマ

　融解現象（melting phenomena）は，地球において最も重要な地質過程のひとつである．地球の進化史において，原始太陽系星雲内での凝縮過程に引き続いて，衝突と合体による微惑星の成長から始まり，衝突や重い核の重力分離に伴う熱の散逸によって，形成期の地球内部においては融解現象が大きな役割を担った．融解現象は地球の分化や層構造の形成に重要な役割をしてきた．高温の初期地球においては，マグマオーシャンの形成などマグマの活動が最も重要な過程であった．そして地球の冷却に伴って，現在ではプレート運動や地震活動など，地球内部物質の流動と破壊が重要な過程になってきている．しかしながら，融解現象は火山活動として現在でも地球の重要な地質現象である．ここでは，地球史において重要な役割を担ってきた融解現象について学ぼう．

12.1　地球史におけるマグマ

　形成期の地球においては，地球の集積のエネルギーや，核の分離に伴う重力エネルギーの開放によって，原始地球の表層は数千キロメートル以上にわたって融解していたと考えられている．この初期地球の大規模融解によって地球にマグマオーシャンの時代が存在したと考えられている．さらに地球集積の末期には，地球に火星規模の巨大微惑星が衝突し，月・地球系が形成されたという仮説が提案されている．この衝突現象をジャイアントインパクト（giant impact）とよんでいる．ジャイアントインパクトによって，さらに地球は大規模に溶融

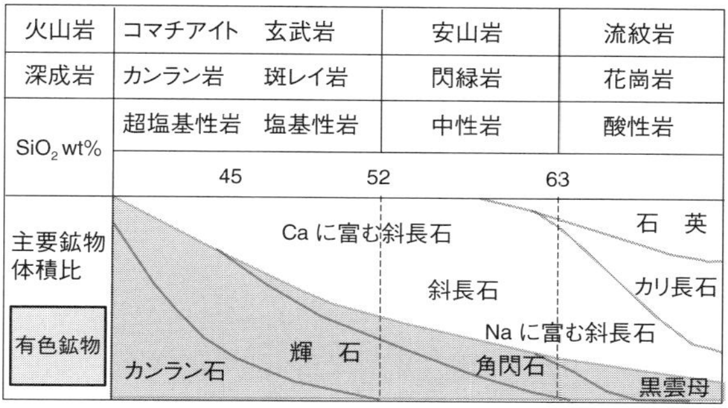

12.1 地球史におけるマグマ

火山岩	コマチアイト	玄武岩	安山岩	流紋岩
深成岩	カンラン岩	斑レイ岩	閃緑岩	花崗岩
SiO₂ wt%	超塩基性岩	塩基性岩	中性岩	酸性岩

図 12.1 マグマの分類と化学的・鉱物学的特徴と分類 (榎並, 2013)

した可能性がある．このように初期地球では，マグマが地殻，マントル，核といった地球の層構造の形成に大きな役割を果たした．現在の地球上にはさまざまな種類のマグマが存在する．主要なマグマは，そのシリカ（SiO_2）量によって図 12.1 のように分類されている．現在の地球において，最も酸化マグネシウム（MgO）に富んだマグマは玄武岩マグマであり，SiO_2 量が 45〜52wt% となっている．これに対して約 20 億年以上前の地球上では，さらに MgO に富むマグマが存在した．この最も MgO に富む超塩基性マグマ（超苦鉄質マグマ）は**コマチアイト**（komatiite）とよばれている．このマグマは南アフリカのコマチ層（Komati formation）で 1968 年に発見され，その名前をとってコマチアイトとよばれ，図 12.1 に示すように SiO_2 量は 45% 以下でカンラン岩に対応する化学組成を有している．このようなマグマは，ほとんどが初期地球の始生代に認められている．コマチアイトはマントルの大規模な融解によって形成されるので，初期の地球は現在よりも高温であり，より深部までマントルの融解が進行していたことが示唆されている．

このように初期の地球においては，マグマは大変大きな役割を果たしていた．現在の地球においては，ユーリー比は 0.55 程度の値となっている（11.2 節参照）．初期地球では放射性元素は現在よりも多く存在し，放射性元素の崩壊により生成される熱エネルギーは現在よりも大きく，より大きなユーリー比をもっていた．このことは，初期地球は現在よりも高温であり，地球が全体としてゆっくりと冷却して現在に至っていることを示している．

第 12 章　融解現象とマグマ

12.2　融解の理論

12.2.1　リンデマンの理論

　地球内部を構成するケイ酸塩や金属鉄の融解現象を記述する際に，リンデマンの理論（Lindemann's law）を用いることがある．この式の基になる考え方は，固体が高温になると原子の振動が激しくなり，その振幅が結晶の格子間の結合距離のある割合を超えたときに結晶の格子を保てなくなり，結晶が壊れる，すなわち融解が起こるという考え方である．

　結晶格子中の質量 m の原子に着目する．この原子の運動エネルギー e は格子振動の振幅 u，振動数 ν を用いると $e = m(2\pi u\nu)^2/2$ と書くことができる．この式の $2\pi u\nu$ は格子振動の速度を表す．この原子がもつエネルギーを温度で表すと 3 つの自由度があるので $3kT/2$ である．温度が上昇し格子振動の振幅が格子間隔の α 程度（α は $1/2$ 以下）になると原子どうしが衝突して格子を保てなくなり，物質は融解状態になる．今，格子間隔（原子間距離）a の α 程度で固体が融解すると，融点 T_{m} においては，

$$\frac{3kT_{\mathrm{m}}}{2} = \frac{1}{2}m[2\pi(\alpha a)\nu]^2 \tag{12.1}$$

の関係が成り立つ．これがリンデマンの理論であり，この式から T_{m} が m, a, α, ν の関数として与えられる．ここで α はリンデマン定数（Lindemann constant）とよばれている．

12.2.2　融点と地震波速度

　鉱物の分子量を M，1 分子中の原子数を N とすると，M/N は平均原子量である．フォノンの振動数 ν は，物質中での平均伝播速度 V_{m} をもつ弾性波が原子間隔 a を 1 秒間に往復する回数であるから，$\nu = V_{\mathrm{m}}/2a$ となる．したがって，式 (12.1) より

$$\frac{3kT_{\mathrm{m}}}{2} = \frac{1}{2}\frac{M}{N}\left[\frac{2\pi(\alpha a)V_{\mathrm{m}}}{2a}\right]^2$$

$$kT_{\mathrm{m}} = \frac{1}{3}\frac{M}{N}[\pi\alpha V_{\mathrm{m}}]^2 = \frac{\pi^2}{3\alpha^2}\frac{M}{N}V_{\mathrm{m}}^2$$

122

$$T_{\mathrm{m}} = \frac{\pi^2}{3k\alpha^2} \frac{M}{N} V_{\mathrm{m}}^2 \tag{12.2}$$

物質中のフォノンの平均伝播速度 V_{m} をデバイの理論を用いて評価すると

$$\begin{aligned}
V_{\mathrm{m}} &= \left[\frac{V_{\mathrm{P}}^{-3}}{3} + \frac{2V_{\mathrm{S}}^{-3}}{3} \right]^{-1/3} \\
&= \left(\frac{3}{2} \right)^{1/3} V_{\mathrm{S}} \left[1 + \frac{(V_{\mathrm{P}}^3/V_{\mathrm{S}})^3}{2} \right]^{-1/3}
\end{aligned}$$

したがって，地球内部の融点の分布は，地震波速度の分布を用いて以下のように書くことができる．

$$\begin{aligned}
T_{\mathrm{m}} &= \frac{\pi^2}{3k\alpha^2} \frac{M}{N} \left[\frac{V_{\mathrm{P}}^{-3}}{3} + \frac{2V_{\mathrm{S}}^{-3}}{3} \right]^{-2/3} \\
&= \frac{\pi^2}{3k\alpha^2} \frac{M}{N} \left(\frac{3}{2} \right)^{2/3} V_{\mathrm{S}}^2 \left[1 + \frac{(V_{\mathrm{S}}/V_{\mathrm{P}})^3}{2} \right]^{-2/3}
\end{aligned}$$

通常の固体においては，$(V_{\mathrm{S}}/V_{\mathrm{P}})^3 \ll 1$ であるので，$V_{\mathrm{m}} \sim V_{\mathrm{S}}$ と近似でき，融点は横波速度に依存することがわかる．

$$T_{\mathrm{m}} = \frac{\pi^2}{3k\alpha^2} \frac{M}{N} \left(\frac{3}{2} \right)^{2/3} V_{\mathrm{S}}^2 \tag{12.3}$$

ここで，α はすでに述べたように結晶構造に依存するリンデマン定数であり，経験的には同一の結晶構造では原子が異なっていてもよく似た値を示す．実験的に決定されたマントル物質の融点分布とともに，式（12.3）を用いて推定される融点の分布を図 12.2 に示す．

12.2.3　サイモンの式とクラウト・ケネディの式

地球内部の温度・圧力は非常に高く，地球内部研究においては，地球内部の極端条件を実現することは長い間困難であった．実験技術が格段に進歩した現在においても事情は同様である．地球内部を構成する酸化物や金属の融点をより高圧に外挿するために，地球内部研究では 2 つの経験式がよく用いられている．第一はサイモンの式とよばれるものであり，第二はクラウト・ケネディの式とよばれるものである．

Ⓐ サイモンの式

地球内部物質の融点を記述するにはサイモンの式〔Simon's equation〕がよ

第 12 章　融解現象とマグマ

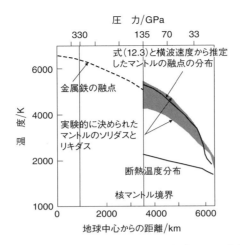

図 12.2　リンデマンの理論を用いて地震波速度から推定される融点（島津, 1966）と実験によって決定された融点（ソリダス温度とリキダス温度）（Fiquet et al., 2010）の比較

く用いられる．この式は以下のように表される．

$$\frac{P - P_0}{a} = \left(\frac{T_m}{T_0}\right)^c - 1 \tag{12.4}$$

ここで T_0 は基準の圧力 P_0 での融点である．

常圧（$P_0 = 0\,\mathrm{GPa}$）における融点を T_0 とすると，サイモンの式は以下のように書くことができる．

$$\frac{P}{a} = \left(\frac{T_m}{T_0}\right)^c - 1 \tag{12.5}$$

すなわち融点は a および c の 2 つのパラメータを使って表現できることになる．また，常圧における融点の勾配は，式 (12.5) から $dT_m/dP = T_0/ac$ で表すことができる．表 12.1 に地球内部物質の融点に対するサイモンの式のパラメータを示す．

❸ クラウト・ケネディの式

Kraut と Kennedy は，地球物質を含む多くの固体物質について，その物質の融点の変化（$T_m - T_{m0}$）は広い圧力領域において固体の圧縮量（$\Delta V/V_0$）に比例することを見い出した．すなわち融点は，

12.2 融解の理論

表 12.1 さまざまな鉱物の融点に対応するサイモンの式のパラメータ

物質名	化学式	室温の融点, T_0 / K	a / GPa	c
鉄	Fe	1805	107	1.76
フォルステライト	Mg_2SiO_4	2163	10.83	3.7
ファヤライト	Fe_2SiO_4	1490	15.78	1.59
パイロープ	$Mg_3Al_2Si_3O_{12}$	2073	1.98	9.25
エンスタタイト	$MgSiO_3$	1830	2.87	5.01
石　英	SiO_2	2003	1.6	3.34
アルバイト	$NaAlSi_3O_8$	1373	6.1	2.38

$$T_m = T_{0m}\left(1 + \frac{C\,\Delta V}{V_0}\right) \quad (\text{ここで } C \text{ は定数}) \tag{12.6}$$

と表すことができる．多くの物質に対して圧縮が最大 0.5 程度まで式 (12.6) でよく近似できる．これが**クラウト・ケネディの式**（Kraut-Kennedy's equation）である．金属鉄の融点に対するクラウト・ケネディの式は以下の式 (12.7) で表すことができる．

$$T_m(C) = 1513\left(1 + \frac{3.32\,\Delta V}{V_0}\right) \tag{12.7}$$

金属鉄に対する融点と圧縮の関係を図 12.3 に示す（Kraut and Kennedy, 1966a; b）．このクラウト・ケネディの式は，以下に示すように熱力学的な関係式であ

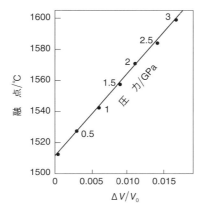

図 12.3　金属鉄に対する融点と圧縮の関係（Kraut and Kennedy, 1966a; b）
物質の融点の変化（$T_m - T_{m0}$）は，固体の圧縮量（D_V/V_0）に比例する．

第 12 章　融解現象とマグマ

るクラウジウス・クラペイロンの式（Clausius-Clapeyron equation）に関係づけることができる.

12.2.4　クラウト・ケネディの式とクラウジウス・クラペイロンの式の関係

体積弾性率（K）の圧力依存性が無視できるとき, 融点に沿ってクラウジウス・クラペイロンの式, すなわち

$$\frac{\mathrm{d}T_\mathrm{m}}{\mathrm{d}P} = \frac{\Delta V_\mathrm{m}}{\Delta S_\mathrm{m}}$$

という関係式が成り立つ. ここで, ΔV_m は融解に伴う体積の変化, ΔS_m は融解に伴うエントロピーの変化である. この関係式から融点に関する次の式を得る.

$$T_\mathrm{m} - T_\mathrm{m0} = \frac{\Delta V_\mathrm{m0}}{\Delta S_\mathrm{m0}}(P - P_0) = \frac{\Delta V_\mathrm{m0}}{\Delta S_\mathrm{m0}}\Delta P = \frac{\Delta V_\mathrm{m0}}{\Delta S_\mathrm{m0}}K_0\frac{\Delta V}{V_0}$$
$$= \frac{\Delta V_\mathrm{m0}}{L_\mathrm{m0}}T_\mathrm{m0}K_0\frac{\Delta V}{V_0}$$

すなわち

$$T_\mathrm{m} - T_\mathrm{m0} = CT_\mathrm{m0}\frac{\Delta V}{V_0}$$

である. ここで $C = K_0\,\Delta V_\mathrm{m0}/L_\mathrm{m0}$, また L_m は融解に伴う潜熱である. この関係式はクラウト・ケネディの式であり, 熱力学的な関係式から導くことができることがわかる. すなわち, クラウト・ケネディの式の定数 C は, 体積弾性率, 融解熱, 融解に伴う体積変化によって表すことができる.

12.3　マントルの溶融関係

マントルを構成するケイ酸塩系の溶融関係は, 核の形成分離, マグマオーシャンの諸過程, 地球の層構造の形成を理解するうえで基礎になる. ここでは, これらの初期地球の諸過程を理解するために, 地球内部物質の高圧下における相関係と溶融関係についての理解を深めよう.

12.3.1　融解の熱力学：固溶体系と共融系の融解

溶融関係を表す熱力学的関係には, 第 10 章で地球核の鉄–軽元素系の相関係として示したように,（1）固溶体系の溶融関係と（2）共融系や包晶系の溶融関係が存在

12.3 マントルの溶融関係

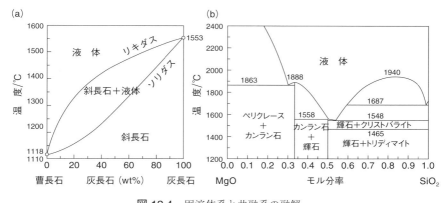

図 12.4 固溶体系と共融系の融解
(a) 常圧の曹長石-灰長石系の相平衡図 (Bowen, 1928). (b) MgO-SiO$_2$ 系の常圧での溶融関係 (Jung *et al.*, 2005).

する. 固溶体系の溶融関係を示す鉱物にはカンラン石固溶体 (Mg_2SiO_4-Fe_2SiO_4 系), 輝石固溶体 ($MgSiO_3$-$FeSiO_3$ 系), フェロペリクレース固溶体 (MgO-FeO 系), 曹長石-灰長石固溶体など多くのケイ酸塩鉱物が存在する. 常圧下での曹長石-灰長石系の相平衡図を図 12.4a に示す. これに対して, 共融系や包晶系を示す溶融関係としては, マントルを構成するケイ酸塩系では, MgO-SiO$_2$ 系, FeO-SiO$_2$ 系など固溶体を形成しない 2 相がこの溶融関係を示す. これらの MgO-SiO$_2$ 系の常圧での溶融関係を図 12.4b に示す.

マントルは多成分系である. したがって, 多成分系の溶融関係を実験的に明らかにする必要がある. 上部マントルのカンラン岩の特徴的な相関係については, すでに 9.2.1 項で概説し図 9.7 に示した. この図に示したように, マントルを構成するカンラン岩は, アルミナ (Al_2O_3) を含む鉱物の種類によって 3 つに分類されている. 約 1 GPa 以下の低圧で高温の条件ではアルミナ鉱物として斜長石を含む斜長石カンラン岩が存在する. このカンラン岩よりも低温高圧の条件ではアルミナを含む鉱物が尖晶石となり, 尖晶石カンラン岩が存在する. 3 GPa を超える上部マントルでは, アルミナを含む鉱物はザクロ石となり, ザクロ石カンラン岩が安定に存在する. 以下では, さらに高圧のマントル遷移層や下部マントルにおける溶融関係について述べる.

127

12.3.2 深部マントルの溶融関係とマグマ

　地球集積の末期の巨大衝突によって，初期地球においては上部マントル深部から下部マントルに及ぶ深いマグマオーシャンが存在したと考えられている．このマグマオーシャンの諸過程を解明するために，下部マントルの超高圧下における溶融関係を明らかにする試みも行われている．図 12.5 にマントルの代表的な岩石であるカンラン岩の上部マントル，マントル遷移層，そして下部マントル上部における溶融関係（Litasov and Ohtani, 2002）を示す．

　この相平衡図に見られるように，カンラン岩においては，上部マントルの全域において，カンラン石がリキダス相（最も高温でマグマと共存する相）となっている．また，マントル遷移層においては，メージャライトがリキダス相になっており，また，下部マントル最上部においては，メージャライトおよびフェロペリクレースがリキダス相になっている．以上の上部マントルおよびマントル遷移層における溶融関係は，主としてマルチアンビル高圧装置を用いて明らかにされたものである．さらに高圧の下部マントル深部における溶融関係は，ダイヤモンドアンビル高圧装置を用いて実験が行われ始めている．

　下部マントルに及ぶマグマオーシャンの結晶化の過程や，現在の地球の核マ

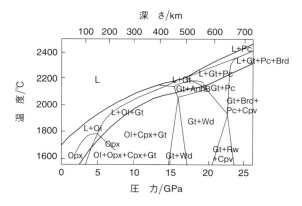

図 12.5　カンラン岩の溶融関係（Litasov and Ohtani, 2002）
Ol：カンラン石，Opx：斜方輝石，Cpx：単斜輝石，Gt：ザクロ石またはメージャライト，Wd：ウォズレアイト，Rw：リングウッダイト，Pc：フェロペリクレース，AnB：無水 B 相，Brd：ブリッジマナイト，Cpv：Ca ペロブスカイト，L：液体．

12.3 マントルの溶融関係

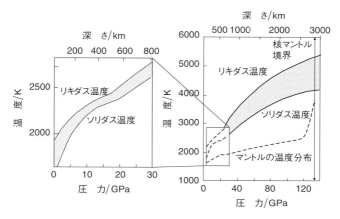

図 12.6 全マントルにわたるマントル物質（カンラン岩）の溶融関係（Litasov and Ohtani, 2002; Fiquet et al., 2010 を改編）

ントル境界での融解の可能性を解明するために，下部マントル全体に及ぶ圧力条件において，ダイヤモンドアンビル高圧装置を用いたケイ酸塩の融解実験も行われ始めている（たとえば，Fiquet et al., 2010）．図 12.6 にその例を示す．これらの実験によると，下部マントルにおけるカンラン岩のリキダス相はブリッジマナイトとなっている（Fiquet et al., 2010）．下部マントルは一般的に固体であるので，融点の分布は下部マントルの温度分布の上限を与える．

12.3.3 ケイ酸塩の融解に及ぼす揮発性成分の影響

地球内部において主要な揮発性成分には，水素（H），炭素（C），窒素（N）などがある．そのうち，地球における存在度が大きいものは水素と炭素である．水素はさまざまな含水鉱物や無水鉱物中の不純物として存在する．また，炭素は炭酸塩鉱物，鉄炭化物などとして存在することが多い．これらの成分は温度・圧力条件によっては，C–H–O 系の流体として，またマグマ中に溶解して存在する．とくに，C–H–O 流体はその酸化還元条件に応じて異なる分子種として存在し，その物理化学的性質や融解への影響が異なる．C–H–O 流体は，酸化的な条件では主として水（H_2O）や二酸化炭素（CO_2）として存在し，還元条件ではメタン（CH_4）や水素分子（H_2）として存在する．

第 12 章 融解現象とマグマ

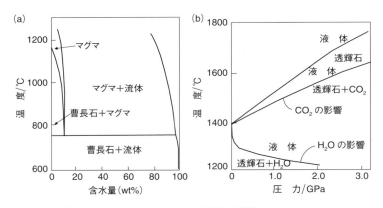

図 12.7 H_2O および CO_2 の融解の影響 (Yoder, 1976)
(a) 曹長石 ($NaAlSi_3O_8$) の融解への H_2O の影響, (b) 透輝石 ($CaMgSi_2O_6$) の融解に伴う H_2O と CO_2 の影響.

酸化的な条件で存在する H_2O および CO_2 の融解に対する影響を図 12.7 に示す. 図 12.7a の曹長石–H_2O 系の相平衡図に示すように, H_2O は曹長石の融点を 400℃ 以上降下させることを示している. この効果は, 島弧におけるマグマの発生の原因になっていると考えられている. また, 図 12.7b に透輝石の融点に対する H_2O および CO_2 の影響を示す. この図から, CO_2 の影響は H_2O に比べて小さいが, CO_2 も H_2O 同様に融点を下げるはたらきをすることが明らかになっている.

12.4 マグマの構造

12.4.1 非架橋酸素と SiO_4 四面体

地殻や上部マントル浅部では, ケイ酸塩鉱物は SiO_4 の正四面体を基本とする構造をもっている. 鉱物と同様にケイ酸塩マグマにおいても SiO_4 多面体の重合がマグマの性質に大きな影響を与えている. SiO_4 の正四面体とともにアルミニウム (Al) も AlO_4 として, ケイ素と同様にマグマの重合と網目構造 (ネットワーク) の形成に大きな影響を与えている. マグマの構造のモデルとして用いられるガラスの構造を図 12.8 に示す.

12.4 マグマの構造

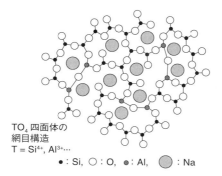

図 12.8 Na$_2$O–Al$_2$O$_3$–SiO$_2$ ガラスの構造（浦辺, 1982）

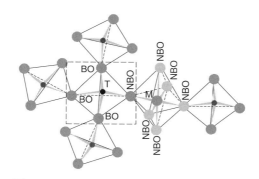

図 12.9 マグマの構造 (Mysen and Richet, 2005)
この図において BO は架橋酸素（bridging oxygen）であり，NBO は非架橋酸素である．T：4 配位陽イオン，M：陽イオン．

上部マントルにおけるマグマの構造は，SiO$_4$ 四面体の網目構造を基本に考えることができる．すなわち SiO$_4$ 四面体のみからなる場合，SiO$_4$ 組成のマグマは非常に高い粘性を示す．SiO$_2$ に富んだ流紋岩マグマは，高い粘性と爆発性を示す激しい噴火様式に特徴がある．一方，**非架橋酸素**（non-bridging-oxygen：NBO）を SiO$_4$ 四面体の間にもつさまざまな組成のマグマの構造や性質は，SiO$_4$ マグマとは大きく異なる．

マグマの構造を記述する重要なパラメータに NBO/T というものがある．NBO とは非架橋酸素の数，T は 4 配位の位置に入る陽イオンの数である．図 12.9 にマグマの構造を模式的に示す．T の 4 配位陽イオンは，Si^{4+}，Al^{3+}，P^{5+} などで

131

第 12 章　融解現象とマグマ

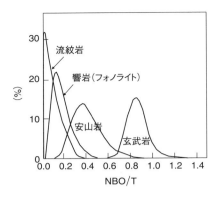

図 12.10　さまざまなマグマの NBO/T 値（Mysen and Richet, 2005）

ある．また Fe^{3+} や Ti^{4+} もしばしば T となり，四面体を構成することもある．NBO/T は以下のように計算される．

$$\frac{\text{NBO}}{\text{T}} = \frac{2 \times \text{O} - 4 \times \text{T}}{\text{T}}$$

ここで O は酸素イオンの数である．さまざまなマグマの NBO/T の値を図 12.10 に示す．ソレアイトなど玄武岩マグマの NBO/T は約 0.8 程度，安山岩では 0.4 程度，流紋岩では 0.05 程度になっている．

12.4.2　ケイ酸塩マグマの Q^n 種

ケイ酸塩マグマの構造は NBO/T の違いによる SiO_4 四面体の重合の程度の違いに応じて Q^n というパラメータで表現される．Q^n は図 12.11 に示すように Q^0 から Q^4 までの 5 種類に区分することができる．すなわち SiO_2 のみからな

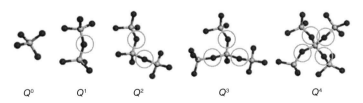

図 12.11　ケイ酸塩マグマの Q^n 種（Mysen and Richet, 2005）
NBO/T の違いによる SiO_4 のネットワークは Q^n というパラメータで表現される．

12.4 マグマの構造

表 12.2 $Na_2Si_2O_5$ 組成マグマの圧力に伴う Q^n
種の変化（Mysen and Richet, 2005）

圧　力	Q^2	Q^3	Q^4
1 atm	7.9	84.2	7.9
5 GPa	8.4	83.3	8.4
8 GPa	9.9	71.8	15.5

圧力の増加とともに，Q^3 が減少し Q^2 と Q^4 が増加する．Q^n 種の間には，$2Q^3 = Q^2 + Q^4$ の関係があり，圧力の増加に伴って反応は右に進む．この反応は，Q^n 種の間の体積関係，$V_{Q^2} < V_{Q^3}$ であり，$V_{Q^2} + V_{Q^4} < 2V_{Q^3}$ の関係と調和する．

り完全に網目構造（ネットワーク）をつくっている場合には Q^4 のような配置をとっており，NBO（非架橋酸素の数）＝ 4 − BO（架橋酸素の数）から BO ＝ 4 となり NBO/T ＝ 0 となる．SiO_4 四面体の数が減少し，陽イオン M が増加すると，ケイ酸塩の多面体のユニットが Q^3 から Q^0 へと変化していく．これらの SiO_4 多面体の重合の様式は NMR（核磁気共鳴）およびラマン散乱のスペクトルに基づいて明らかにされている．SiO_4 の多面体の重合の様式は，液体の化学組成のみならず，圧力によっても変化する．$Na_2Si_2O_5$ ガラスの圧力に伴う Q^n 種の変化を表 12.2 に示す．この表は圧力の増加に伴い Q^3 が減少し，Q^2 と Q^4 が増加することを示している．すなわち $2Q^3 = Q^2 + Q^4$ の反応においては，それぞれの Q^n 種の体積の間の $V_{Q^2} < V_{Q^3}$，$V_{Q^2} + V_{Q^4} < 2V_{Q^3}$ という関係から説明することができる（Mysen and Richet, 2005）．

なお，圧力の増加に伴って，SiO_4 や AlO_4 の四面体を代表する Si や Al の O 原子に対する配位数が増加する．圧力 6 GPa を超えると 5 配位や 6 配位の Si が増える．マグマやガラスの構造の特徴を記述する NBO/T の概念は，SiO_4 や AlO_4 の四面体構造を基本にしており，上部マントル下部，マントル遷移層，そして下部マントルなどの地球深部に存在するマグマには適用できない．なお，このようなネットワークを形成する Al イオンの配位数の増加は，Si イオンよりも低圧で起こるものと考えられている（Ohtani *et al.*, 1985）．

以上で述べたマグマの構造は，高温高圧下におけるマグマの物性，たとえばマグマの密度や粘性に大きな影響を与えている．マグマの噴火の原動力は，重力場でのマグマの浮力であり，マグマの密度や粘性はマグマの移動と地表への

第 12 章　融解現象とマグマ

噴出に大変重要な物性量である．また，地球内部での融解に伴う固体と液体の分離に関係することから，これらの物性量は地球内部の不均質性や層構造の形成に大きな影響を与えている．

12.5　マグマの密度

12.5.1　マグマの密度測定方法

高圧下における液体の密度の測定方法には，よく行われている方法として，浮沈法（sink-float method）と X 線吸収法（X-ray absorption method）がある．浮沈法は密度が正確にわかっている標準物質のマグマ中での浮き沈みを判定することによって，マグマの密度を決定するものである．これは，常温常圧において密度不明の鉱物の密度を，標準物質である重液中での浮き沈みを判定することによって決定する方法と同様の原理である．高温高圧の条件にある融体の密度の測定の際の標準物質としては，融体と反応をしにくく，高温高圧下での密度がわかっている物質が用いられる．高温高圧下での固体の密度は状態方程式によって見積もることができる．ケイ酸塩マグマの密度を測定するために用いられるマグマとの反応性が弱い密度標準として，ダイヤモンド，カンラン石，そしてザクロ石などの鉱物が用いられることがある．マグマ中においてダイヤモンドとカンラン石の浮き沈みを判定する浮沈法によって，マグマの密度を決定した例を図 12.12 に示す．図 12.13 は，マグマ中を標準物質であるカンラン石が浮き沈みする様子を示している（Suzuki and Ohtani, 2003）．この写真は，高温高圧でカンラン岩マグマと共存しているカンラン石の浮き沈みの様子を，実験試料を高圧下で高温条件から急冷し，高温高圧下での融解組織を凍結して常温常圧に回収した様子を示した走査型電子顕微鏡写真である．左図ではカンラン石が沈降しており，中央の図は中立状態，右図はより高圧でカンラン石が軽く浮き上がっている様子が凍結されている．

浮沈法とならんで高圧下における液体の密度測定には，X 線吸収法が用いられる（Katayama et al., 1993）．この方法は，X 線の吸収が試料の密度に関係するというランベルト・ベールの法則（Lambert-Beer's law）に基づいている．この法則は以下の式で与えられる．

12.5 マグマの密度

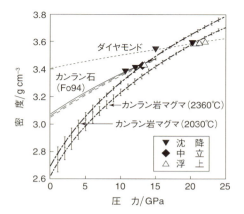

図 12.12 浮沈法によるマグマの密度の決定（Suzuki and Ohtani, 2003）
マグマ中でダイヤモンドやカンラン石が浮くのか沈むのかを判定することによって，マグマの密度を求めることができる．

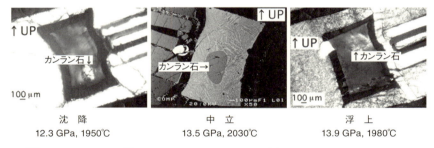

図 12.13 カンラン岩マグマ中でのカンラン石の浮沈（Suzuki and Ohtani, 2003）
圧力の増加に伴って，マグマの密度がカンラン石よりも重くなり，カンラン石が浮上していることを示す走査型電子顕微鏡写真．

$$I = I_0 \, e^{-\mu \rho t}$$

ここで ρ は密度，I_0 は入射 X 線の強度，I は物質を透過した X 線の強度，μ は X 線質量吸収係数，t は試料の厚さである．μ は，測定物質の化学組成が決まれば計算することができる．また，この係数は温度・圧力によって変化しないと考えられるので，異なる条件で別途に直接測定する場合もある．この式から試料の厚さ（t）と入射 X 線（I_0）と透過 X 線（I）の強度を測定できれば，密度を

第 12 章 融解現象とマグマ

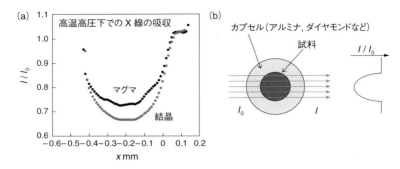

図 12.14 X 線吸収法による密度の決定（大谷，2008）
（a）マグマおよび結晶の吸収データ，（b）円柱状試料の X 線吸収の模式図．

決定することができる．図 12.14 に円柱上の試料による X 線の吸収の様子を示す．試料容器には，X 線の吸収が小さいダイヤモンドやアルミナ（Al_2O_3）などを用いることがある．この図のような X 線の吸収プロファイルから測定試料の密度 ρ を求めることができる．

12.5.2 高圧下におけるマグマの密度

高圧になると鉱物の密度が増加する．これと同様に，高圧下ではマグマが圧縮され，その密度も増加する．重合度の小さい超塩基性のカンラン岩マグマの密度の変化を図 12.12 に示す．この図にはマグマとともにカンラン石とダイヤモンドの密度も示してある．この図のように，マグマは鉱物よりも非常に柔らかい（Suzuki and Ohtani, 2003）．マグマは低圧では密度標準の鉱物よりも軽いが，鉱物よりも柔らかく縮みやすいために高圧になると密度が逆転し，マグマがより重くなることもある．このようなマグマの密度は，固体の圧縮と同様にバーチ・マーナハンの状態方程式（5.1 節参照）やビネーの状態方程式（5.2 節参照）で表現することもある．マグマは一般に柔らかく，高圧下においては大きな圧縮性を示す．代表的な上部マントル鉱物のフォルステライトおよびその高圧相の体積弾性率とともに，カンラン岩マグマおよび玄武岩マグマの体積弾性率を表 12.3 に示す．ケイ酸塩鉱物の体積弾性率は一般に 100〜300 GPa 程度の値を示す．これに対してマグマは非常に圧縮性に富み，その体積弾性率は 10〜20 GPa 程度であり，マントル鉱物の体積弾性率に比べて 1 桁小さい値であ

12.5 マグマの密度

表 12.3 鉱物，マグマ，マグマ中の H_2O および CO_2 の圧縮特性

	密度 $\mathrm{g\,cm^{-3}}$	部分モル体積 $\overline{\mathrm{cm^3\,mol^{-1}}}$	体積弾性率, K/GPa	K'	$\dfrac{\mathrm{d}K}{\mathrm{d}T}/\mathrm{GPa\,K^{-1}}$
フォルステライト[#]	3.21		128.2		
ウォズレアイト (Mg_2SiO_4)[#]	3.47		174		
リングウッダイト (Mg_2SiO_4)[#]	3.56		184		
カンラン岩マグマ (2100 K)[*]	2.72	-	24±1	7.3±0.8	−0.003 ± 0.002
含水カンラン岩マグマ (1773 K)[*]	2.4	-	9±2	10±4	−0.002 ± 0.002
含 CO_2 カンラン岩マグマ (1800 K)[*]	2.7	-	23±1	9±2	−0.010 ± 0.002
玄武岩マグマ (2473 K)[**]	2.52	-	18±2	6±1	～0
マグマ中の H_2O (1973 K)[*]	-	29.6	0.7±0.4	8±1	–
マグマ中の CO_2 (2000 K)[*]	-	36	8±2	7±2	–

[#] 秋本 (1982)．[*] Sakamaki *et al.* (2011)．[**] Ohtani and Maeda (2001)．
マグマの体積弾性率は鉱物よりも 1 桁小さい．マグマ中の H_2O のそれは，マグマよりもさらに 1 桁小さい．

る．このようにマグマは鉱物よりも柔らかいために，高圧下ではマグマ中でカンラン石やダイヤモンドなどの鉱物が浮き上がる現象も知られている．このようなマグマ中でのカンラン石の中立および浮き上がりは，上部マントル深部において，マグマの密度がマグマの分化や深いマグマオーシャン中での結晶分別に重要な過程であったことを示している．表 12.3 には無水のマグマとともに，含水マグマおよび含 CO_2 マグマの密度と体積弾性率についても示す．また，マグマ中の H_2O および CO_2 の部分モル体積およびその体積弾性率についてもこの表にまとめる．この表から明らかなように，マグマ中において，H_2O は CO_2 に比べてはるかに圧縮性を示す．

すでに述べたように，マグマの構造を明らかにするためには，TO_4 四面体の重合の程度が重要になる．圧力の増加によって Q^n が変化し，また T イオン（Si^{4+}, Al^{3+}）の配位数が増加する．このような変化によって，NBO/T の小さなマグマにおいては，密度や粘性に大きな変化が起こる．図 12.15 に玄武岩マ

第 12 章　融解現象とマグマ

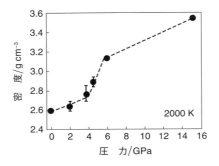

図 12.15　玄武岩マグマの高圧下での密度の変化（Sakamaki *et al.*, 2006）

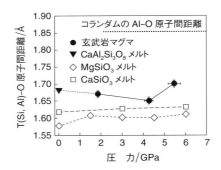

図 12.16　玄武岩マグマの最近接の T–O（酸素）距離の圧力変化（Sakamaki *et al.*, 2006）

グマの高圧下での密度の変化を示す（Sakamaki *et al.*, 2006）．この図から明らかなように，玄武岩マグマの密度は 4～5 GPa 付近において不連続的な増加を示す．また，玄武岩マグマの最近接の T–O（酸素）距離の圧力変化を図 12.16 に示す．一般に T イオンに対する O^{2-} の配位数が増加すると T–O 間の距離が増加する．図 12.15 に見られる 4～5 GPa 付近での玄武岩マグマの密度の異常な増加は，この圧力において T–O 距離が増加する圧力と一致することから，T イオンの配位数増加に原因があることが示唆される．玄武岩マグマでは T イオンは，Al^{3+} および Si^{4+} であり Al^{3+} が Si^{4+} に比べて低圧で配位数の増加が起こることから，この圧力では Al^{3+} の配位数が 4 から 6 に増加しているものと考えられる（Sakamaki *et al.*, 2006）．

12.6 マグマの粘性

12.6.1 粘性の測定法

高温高圧下でのマグマの粘性を測定するには，マグマ中を白金（Pt）などの金属球が沈降する速度を測定し，金属球とマグマの間の密度差と落球の大きさと沈降速度 V_s を測定し，ストークスの式に基づいて，粘性を測定する方法がある．ストークスの式を以下に示す．

$$V_s = \frac{2}{9} R_s^2 \, \Delta\rho g \frac{W}{\eta}$$

ここで R_s は落球の半径，$\Delta\rho$ は落球と液体の密度差，g は重力加速度，η は粘性係数，W は壁の効果の補正項でありファクセン（Faxen）補正項という（Faxen, 1925）．

$$W = 1 - 2.104 \frac{R_s}{R_c} + 2.09 \left(\frac{R_s}{R_c}\right)^3 - 0.95 \left(\frac{R_s}{R_c}\right)^5$$

ここで R_c は容器（図 12.17 の 6）の内径である．

これまで，高温高圧下での粘性測定は，ピストンシリンダー高圧装置などを用いた試料急冷法によって測定されてきた（たとえば，Kushiro, 1976）．最近では，放射光 X 線によるイメージング法と，マルチアンビル高圧装置を用いたその場観察法で粘性の測定が行われるようになった．放射光 X 線によって高圧装置の内部を透過した画像の例を図 7.5 および図 12.17 に示す（Suzuki *et al.*, 2002）．

12.6.2 マグマの粘性とその圧力変化

マグマの粘性は構造に大きく依存している．一般に SiO_2 に富むマグマは NBO/T が小さく，TO_4 の多面体が重合して網目構造をつくっている．このようなマグマは高い粘性をもっている．一方，SiO_2 に枯渇しているカンラン岩組成のマグマは低い粘性をもっている．重合の程度が異なるマグマは，粘性の圧力依存性も異なっている．図 12.18 にさまざまな温度における玄武岩マグマおよび透輝石組成のマグマの粘性の圧力変化を示す．

この図から明らかなように，NBO/T が大きい透輝石マグマの粘性は，圧力の

139

第 12 章　融解現象とマグマ

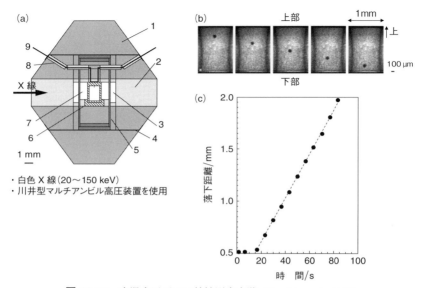

・白色 X 線（20～150 keV）
・川井型マルチアンビル高圧装置を使用

図 12.17　高温高圧下での粘性測定実験（Suzuki et al., 2002）
（a）高圧セルの断面，（b）落球のラジオグラフィー，（c）落下距離と落下時間の相関．
1：ジルコニア（ZrO_2）圧媒体，2：マグネシア（MgO）圧媒体，3：窒化ホウ素（BN），4：電極，5：グラファイトヒーター，6：モリブデン（Mo）試料容器，7：MgO 圧力マーカー，8：アルミナ（Al_2O_3）絶縁管，9：熱電対．

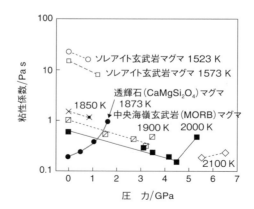

図 12.18　マグマの粘性の圧力変化（Suzuki et al., 2002）
重合の大きい玄武岩マグマの粘性は圧力とともに減少する．重合度の小さい透輝石マグマは，圧力とともに粘性が増加する．

12.6 マグマの粘性

増加とともに単調に増加することがわかる．一方，玄武岩マグマのようにTO_4四面体が重合しているマグマは，圧力の増加とともに4〜5GPa程度の圧力まで粘性は減少する．この圧力に粘性の極小をもち，さらに高圧では粘性が増加に転じることが観察されている．このようなNBO/Tの小さなマグマの粘性挙動は，圧力の増加とともにマグマの構造が変化することによると考えられている．玄武岩マグマの粘性が4〜5GPaに極小をもつのは，Al^{3+}の配位数が4配位から6配位に増加することによる可能性がある．玄武岩マグマの密度は，図12.15に示すように，1つの状態方程式で表すことができず，4〜6GPa付近で急激な増加を示す．このような玄武岩マグマの密度の増加は，マグマ中のAl^{3+}の配位数の増加と調和的なものである．さらに，AlとOの間の原子間距離は，4配位よりも6配位のほうが大きい．したがって，図12.16に示したような4GPa付近での玄武岩マグマ構造のT–O距離（TはAlまたはSi）の増加は，この圧力でのマグマの配位数の増加とも矛盾しない．

第13章 マグマオーシャンと初期地球の諸過程

　初期地球は，地球集積の運動エネルギーの開放，地球核の分離に伴う重力エネルギーの開放によって，現在よりもはるかに高温状態にあったと考えられている．また，地球の集積の末期に月・地球系を形成したといわれるジャイアントインパクトも地球の深部までを融解させるほどのエネルギーを地球にもたらした．したがって，始原地球はマントル深部まで融解が進み，マグマオーシャンの時代を経験したと考えられている．

　ここでは，初期の地球において存在したと思われるマグマオーシャンの内部での諸過程についての最近の高温高圧実験の研究成果について概観しよう．

13.1　初期地球と現在の温度構造

　地球内部における液体の役割は大変重要である．地球内部において重要な液体は，水（H_2O）を主成分とする流体，火山噴火をひき起こすケイ酸塩融体としてのマグマ，そして，地球内部で最も巨大な外核を構成する金属液体である．これらの液体は，地球の形成進化において非常に大きな役割を果たした．

　初期地球においては，地球集積に伴う運動エネルギーの散逸，金属核の分離沈降に伴う重力エネルギーの開放などによって，地球内部が非常に高温状態にあったために，融解現象が最も重要な地球のプロセスであった．初期地球においては，地球への微惑星の衝突や月を形成したジャイアントインパクトなどによって，地球は大規模に融解しマグマオーシャンが形成された．そして，その

13.1 初期地球と現在の温度構造

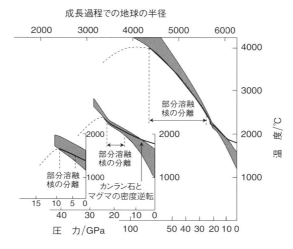

図 13.1 形成期の地球の温度分布 (Ohtani, 1985)

後のマグマオーシャンの結晶化に伴って，地殻やマントルという地球の層構造が形成された．また，マグマオーシャンの形成に伴って重い金属液体が重力分離し，核が形成された．

図 11.2 に現在の地球内部の温度分布を示した．現在の地球内部の温度分布は，すでに述べたようにリソスフィアと核マントル境界に存在する大きな温度勾配で特徴づけられ，マントル内部，外核内部は断熱温度勾配に近い温度分布をしていると考えられる．これに対して，地球の形成期の温度分布は現在とはまったく異なっている．すなわち，集積の初期の形成期の小さな地球においては，開放される運動エネルギーが小さく，内部の温度は比較的低い．地球が成長するにつれて温度が上昇し，表層部が融解してマグマオーシャンが形成される．この時期の原始地球には，原始大気または集積した始原物質からもたらされる 2 次大気が存在したと考えられる．この大気によるブランケット効果よって始原地球は保温され，地球の表面が高温になり融解し，マグマオーシャンが形成されたと考えられている（たとえば，Hayashi et al., 1979）．図 13.1 に地球の形成期の温度分布を示す．

形成期の地球においては，火星サイズの天体が衝突して月・地球系が形成されたと考えられている．この衝突現象をジャイアントインパクトとよび，この

第 13 章　マグマオーシャンと初期地球の諸過程

過程は月と地球の酸素同位体の類似性，月・地球系の大きな角運動量を説明できるとされている．このような月・地球系を形成したと考えられるジャイアントインパクトによって，月のみでなく地球も大規模に融解したと考えられる．

　それでは，地球は地球形成期の温度分布からどのようにして現在の温度分布をもつように変化したのであろうか．この温度分布の変化は，核の形成に伴って生じたものであると考えられている．すなわち，高温の金属鉄が地球の中心部に沈降することによって，中心部が高温になったと考えられる．この核の形成時に，核に軽元素が取り込まれたものと考えられる．核の軽元素は，初期地球の核形成時の環境を反映している．すなわち，核の軽元素を特定することができれば，地球の形成環境を解明することにつながるのである．

13.2　マグマ・結晶の密度逆転とマグマオーシャンの結晶化

　マグマオーシャンという言葉が最初に用いられたのは，月においてである．月が形成されたときに表層が融けて深さ数百キロメートルのマグマオーシャンが形成されたらしい．このモデルは，アポロ計画によって回収された月の岩石の研究からも支持されてきた．この月のマグマオーシャンの結晶化によって，鉄（Fe）をほとんど含まない灰長石が浮き上がり，灰長石岩からなる月の陸地が形成された．このように月では，マグマオーシャンの痕跡が月の陸地の地殻として認められている．

　現在の月・地球系の形成モデルとしては，ジャイアントインパクトモデルに示されるように，月と地球は近縁関係にあったと考えられている．マグマオーシャンは，月とともに地球にも存在したものと考えられている．地球の形成過程については，すでに第 1 章で触れた．地球は微惑星の衝突と合体という集積過程を経て成長した．衝突と合体は何度も繰り返され，そのたびに惑星の大きさも成長する．このような衝突と合体の最終段階の必然的な過程として，ジャイアントインパクトモデルが提案されている．衝突に伴う運動エネルギー，微惑星内部での金属鉄の分離に伴う核の形成による重力エネルギーが開放され，熱エネルギーとなる．このエネルギーは膨大で，地球表面はマグマで覆われたような状態，すなわちマグマオーシャンが形成される．

144

13.2 マグマ・結晶の密度逆転とマグマオーシャンの結晶化

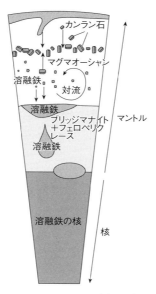

図 13.2 地球のマグマオーシャン内部の諸過程（大谷，2005）
マグマオーシャン内部では，カンラン石とマグマの密度逆転が存在する．また，金属鉄とケイ酸塩マグマの分離が進み，マグマオーシャンの底に金属鉄のプールが形成される．この金属鉄のプールはその後，重力的な不安定によって，地球の中心に落ち込む．

マグマオーシャンの深さについては諸説があるが，後に述べるマントルのニッケル（Ni），コバルト（Co）などの親鉄元素の存在度に基づくと，その深さは下部マントルに及んだ可能性がある．図 13.2 には地球のマグマオーシャン内部の諸過程を示す．原始地球がある大きさになると，その表層部は全溶融し，さらに深部は部分溶融状態になる．部分溶融した原始地球では，結晶分化作用とともに重い金属鉄が分離し始める．これが核の形成の開始である．地球核の形成とマグマオーシャンの形成は同時進行で進んだといわれている．分離した金属鉄はマグマオーシャンの底に沈殿する．金属鉄とマグマオーシャンとの元素の熱力学的平衡分配は，マグマオーシャンの底の温度・圧力条件で進んだと思われる．このような深いマグマオーシャン深部では，図 12.12 および図 12.13 に示したように，カンラン石とマグマの密度逆転が起こることが予想される．その結果，図 13.2 に示すように，このような結晶とマグマの密度関係によって，マントル深部ではカンラン石とマグマの密度差が小さくなり，溶融に伴っても

第 13 章　マグマオーシャンと初期地球の諸過程

効果的な結晶分別が進行せず，始原的なマントルが維持された可能性がある．

さらに，マグマと結晶の間の密度逆転は，核マントル境界にも存在する可能性がある（Ohtani, 1983）．下部マントルの鉱物とマグマの密度の関係を図 9.23 に示した．この図によると，マグマの密度は下部マントル最下部において，下部マントルを構成する鉱物であるブリッジマナイトの密度よりも大きくなる可能性がある（Stixsrude *et al.*, 2009）．すなわち，下部マントル最下部にはマグマオーシャン形成時の重いマグマ（ベーサルマグマオーシャン）が保存されている可能性が指摘されている（Labrosse *et al.*, 2007）．

13.3　マグマオーシャンの深さ

それでは，マグマオーシャンの深さはどの程度であったであろうか．マグマオーシャンの深さの推定はどのように行われるのであろうか．マグマオーシャンの深さの推定方法のひとつは，金属鉄とマグマ間の Ni と Co の元素分配に基づくものである．第 1 章で述べたように，現在のマントルの化学組成，とくに親鉄元素である Ni と Co の存在量には，興味深い特徴がある．すなわち，地球のマントル起源のカンラン岩から推定されるマントルの Ni と Co の存在量は，コンドライトとケイ素（Si）を基準として規格化したときに，類似の相対存在度を示す．すでに図 1.6 に示したように，この特徴は地球のマントルの大変重要な特徴である．数 GPa 以下の低圧条件で測定された溶融鉄とマグマ間の Ni と Co の分配係数は Co が Ni に比べて 1 桁以上小さくなっている．この "ニッケルのパラドックス" は，すでに 1.4.2 項で述べたように地球のマントルの大きな特徴であり，コンドライト隕石や火星隕石中のカンラン石の Ni 量が 500 ppm 以下であることと大きく異なっている．このように地球のマントルにおける Ni の過剰（"ニッケルのパラドックス"）を解明するために，高温高圧での Ni と Co の分配係数を決定する試みがなされきた．図 13.3 に実験的に決定された金属鉄メルトとマグマ間の Ni と Co の分配係数の圧力依存性を示す．この図から明らかなように，下部マントル上部の高圧条件では Ni と Co の分配係数が同程度になる．そして，このような高温高圧条件で核とマントルが熱力学的に平衡にあったときに予想されるケイ酸塩マグマの Ni と Co の存在度は，図 1.6 に示した現在のマントルの Ni と Co の存在度を説明することができる．

146

13.3 マグマオーシャンの深さ

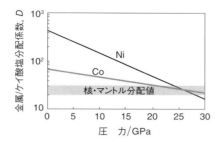

図 13.3 Ni, Co の金属鉄・マグマ間の分配係数の圧力依存性 (Wood *et al.*, 2006)

このことから，現在のマントルの Ni と Co の量は，マグマと金属鉄が下部マントルの上部の圧力条件において，熱力学的な平衡分配をしていたことを示唆している．すなわち，図 13.3 に示すように，この平衡条件がマグマオーシャンの深さを示唆しているのかもしれない（Wood *et al.*, 2006）．

このように高温高圧研究に基づいて，初期地球のマグマオーシャン時代の過程が推定されている．マグマオーシャンの形成以後の歴史は，すでに図 1.5 に示した．マグマオーシャン内部では，金属鉄の分離に伴う重力エネルギーの開放によって 2000 K を超える高温が発生し，さらに，地球の集積期の最終段階で起こったと考えられるジャイアントインパクトと月・地球系の形成，惑星集積の名残りとしての隕石重爆撃（レイトベニアの供給）が起こったと考えられている．このように，地球の形成の最初期には，衝突エネルギーや重力エネルギーの開放に伴う融解現象と，それに伴う核–マントル–地殻の分化が生じたと考えられる．このような過程は，地球の集積から数億年以内で終了し，その後，プレートテクトニクスが開始したものと考えられている．

参考文献

[1] Abe, Y. and Matsui, T. (1985) The formation of an impact-generated H_2O atmosphere and its implications for the early thermal history of the Earth. Proceedings of Lunar Planetary Science Conference 15th, In *J. Geophys. Res.*, **90**, C545-C559.

[2] Adams, L. H. and Williamson, E. D. (1923) The composition of the Earth's interior. *Smithson Rep.*, 241-260.

[3] Akaogi, M. and Akimoto, S. (1977) Pyroxene-garnet solid-solution equilibria in the systems $Mg_4Si_4O_{12}$-$Mg_3Al_2Si_3O_{12}$ and $Fe_4Si_4O_{12}$-$Fe_3Al_2Si_3O_{12}$ at high pressures and temperatures. *Phys. Earth Planet. Inter.*, **15**(1), 90-106.

[4] 赤荻正樹, 糀谷 祐 (2010) 2-3. 高圧実験技術, 『地球惑星物質科学』, 鳥海光弘ほか編, 新装版 地球惑星科学 第5巻, 岩波書店.

[5] Akaogi, M., Kusaba, K., Susaki, J., Yagi, T., Matsui, M., Kikegawa, T., Yusa, H. and Ito, E. (1992) High-pressure high-tempreture stability of αPbO_2–type TiO_2 and $MgSiO_3$ majorite: Calorimetric and *in situ* X-ray diffraction studies. *In*: "High-Pressure Research: Application to Earth and Planetary Sciences", Syono, Y. and Manghnani, M. H. (eds.), Geophysical Monograph Series, vol.67, pp.447-455, Terrapub.

[6] 秋本俊一 (1982) 超高圧高温実験と地球深部物質 (第3章), 『地球の物質科学 I—高温高圧の世界—』, 秋本俊一・水谷 仁 編, 岩波講座地球科学 2, pp.157-243, 岩波書店.

[7] Akimoto, S. and Fujisawa, H. (1966) Olivine-spinel transition in the system Mg_2SiO_4-Fe_2SiO_4 at 800℃. *Earth Planet. Sci. Lett.*, **1**, 237-240.

[8] Anders, E. and Grevesse, N. (1989) Abundance of elements: Meteorites and solar. *Geochim. Cosmochim. Acta*, **35**, 197-214.

[9] Antonangeli, D. and Ohtani, E. (2015) Sound velocity of hcp-Fe at high pressure: Experimental constraints, extrapolations and comparison with seismic models. *Prog. Earth Planet. Sci.*, **2**, 3. doi：10.1186/s40645-015-0034-9.

[10] 青木謙一郎, 久城育夫 (1982) 上部マントルの岩石学 (第3章), 『地球の物質科学 II—火成岩とその生成—』, 久城育夫・荒巻重雄 編, 岩波講座地球科学 3, pp.41-92, 岩波書店.

[11] Badding, J. V., Mao, H. K. and Hemley, R. J. (1992) High-pressure crystal struc-

ture and equation of state of iron hydride: Implications for the Earth's core. *In*∶ "High Pressure Research: Application to Earth and Planetary Sciences", Syono, Y. and Manghnani, M. H. (eds.), Geophysical Monograph Series, vol.67, pp.363-371, Terrapub.

[12] Barshay, S. S. and Lewis, L. S. (1976) Chemistry of primitive solar material. *Ann. Rev. Astron. Astrophys.* **14**, 81-94.

[13] Basaltic Volcanism Study Project (1981). "Basaltic volcanism terrestrial planets", Pergamon Press, 1286p. http://www.awa.tohoku.ac.jp/kamland/

[14] Bassett, W. (2003) High pressure-temperature aqueous systems in the hydrothermal diamond anvil cell (HDAC). *Euro. J. Mineral.* doi: 10.1127/0935-1221/2003/0015-0773

[15] Belonoshko, A. B., Ahuja, R. and Johansson, B. (2003) Stability of the body-centred-cubic phase of iron in the Earth's inner core. *Nature*, **424**, 1032-1034.

[16] Birch, F. (1961) The velocity of compressional waves in Rocks to 10 Kilobars, Part 2. *J. Geophys. Res.*, **66**, 2199-2224.

[17] Birch, F. (1963) Some geophysical applications of high pressure research. *In*: "Solid under Pressure", Paul, W. and Warschauer, D. M. (eds.), pp.137-262, McGraw-Hill.

[18] Bose, K. and Ganguly, J. (1995) Quartz-coesite transition revisited: Reversed experimental determination at 500-1200℃ and retrieved thermochemical properties. *Am. Mineral.*, **80**, 231-238.

[19] Bowen, N. L. (1928) "The Evolution of Igneous Rocks", Princeton University Press, 332p.

[20] Bullen, K. E. (1936) The variation of density and the ellipticities of strata of equal density within the Earth. *Mon. Not. R. Astr. Soc., Geophys. Sup.*, **3**, 385-400.

[21] Chao, E. C. T., Fahey, J. J., Littler, J. and Milton, E. J. (1962) Stishovite, a very high pressure new mineral from Meteor Crater, AZ. *J. Geophys. Res.*, **67**, 419-421.

[22] Chao, E. C. T., Shoemaker, E. M. and Madsen, B. M. (1960) First natural occurrence of coesite. *Science*, **132**, 220-222.

[23] Chen, B., Jackson, J. M., Sturhahn, W., Zhang, D., Zhao, J., Wicks, J. K. and Murphy, C. A. (2012) Spin crossover equation of state and sound velocities of $(Mg_{0.65}Fe_{0.35})O$ ferropericlase to $140\,GPa$. *J. Geophys. Res.*, **117**, B08208. doi:10.1029/2012JB009162

[24] Datchi, F., LeToullec, R. and Loubeyre, P. (1997) Improved calibration of the

SrB_4O_7:Sm^{2+} optical pressure gauge: Advantages at very high pressures and high temperatures, *J. Appl. Phys.*, **81**, 3333-3339.

[25] Davies, J. H. and Davies, D. R.（2010）Earth's surface heat flux. *Solid Earth*, **1**(1), 5-24.

[26] Decremps, F., Gauthier, M., Ayrinhac, S., Bove, L., Belliard, L., Perrin, B., Morand, M., Le Marchand, G., Bergame, F. and Philippe, J.（2015）Picosecond acoustics method for measuring the thermodynamical properties of solids and liquids at high pressure and high temperature. *Ultrasonics*, **56**, 129-140.

[27] Dunn, K. J. and Bundy, F. P.,（1978）Materials and techniques for pressure calibration by resistance-jump transitions up to 500 kilobars. *Rev. Sci. Instr.*, **49**, 365-370.

[28] Dziewonski, A. M. and Don L. Anderson（1981）Preliminary reference Earth model. *Phy. Earth Planet. Inter.*, **25**, 297-356.

[29] 榎並正樹（2013）『岩石学』，現代地球科学入門シリーズ 16 巻，共立出版，254p.

[30] 榎本三四郎（2005）KamLAND 実験と地球ニュートリノ—その物理と観測の現状，www.jahep.org/hepnews/2005/Vol24No2-2005.7.8.9enomoto.pdf

[31] Faxen, H.（1925）Gegenseitige einwirkung zweier Kugeln, die in einer zähen Flüssigkeit fallen. *Arkiv fur Matematik, Astronomioch Fysik*, **19**, 1-8.

[32] Fei, Y., Van Orman, J., Li, J., van Westrenen, W., Sanloup, C., Minarik, W., Hirose, K., Komabayashi, T., Walter, M. and Funakoshi, K.（2004）Experimentally determined postspinel transformation boundary in Mg_2SiO_4 using MgO as an internal pressure standard and its geophysical implications. *J. Geophys. Res., Solid Earth*, **109**(B2), B02305.

[33] Fiquet, G., Auzende, A. L., Siebert, J., Corgne, A., Bureau,H., Ozawa, H. and Garbarino, G.（2010）Melting of Peridotite to 140 Gigapascals. *Science*, **329**, I, 1516-1518. doi: 10.1126/science.1192448

[34] Fiquet, G., Badro, J., Guyot, F., Requardt, H. and Krisch, M.（2001）Sound velocities in iron to 110 Gigapascals. *Science*, **291**, 468-471.

[35] Fischer, R. A., Campbell, A. J., Reaman, D. R., Miller, N. A., Heinz, D. L., Dera, P. and Prakapenka, V. B.（2013）Phase relations in the Fe-FeSi system at high pressures and temperatures. *Earth Planet. Sci. Lett.*, **373**, 54-64.

[36] Fukai, Y.（1992）Some properties of the Fe-H system at high pressures and temperatures and their implications for the Earth's core. *In*："High-Pressure Research: Application to Earth and Planetary Science", Syono, Y. and Manghnani, M. H.(eds.), Geophisical Monograph Series, vol.67, pp. 373-385, Terrapub.

[37] Gando, A., Gando, Y., Hanakago, H. *et al.*（2013）Reactor On-Off Antineutrino

Measurement with KamLAND. *arXiv*: 1303. 4667v2 [hep-ex] 20 Mar 2013.

[38] Gasparik, T.（1990）Phase relations in the transition zone. *J. Geophys. Res.*, **95**, 15751-15769.

[39] Green, D. H. and Ringwood, A. E.（1967）An experimental investigation of gabbro to eclogite transformation and its petrological applications. *Geochim. Cosmochim. Acta*, **31**, 767-833.

[40] Grossman, L. and Larimer, J. W.（1974）Early history of the solar system. *Rev. Geophys. Space Phys.*, **12**, 71-101.

[41] Hamada, M.. Kamada, S., Ohtani, E., Mitsui, T., Masuda, R., Sakamaki, T., Suzuki, N., Maeda, F. and Akasaka, M.（2016）Magnetic and spin transitions in wustite: A synchrotron Mössbauer spectroscopic study. *Phys. Rev. B*, **93**, 155165. doi: 10.1103/PhysRevB.00.005100

[42] Hayashi, C., Nakazawa, K. and Mizuno, H.（1979）Earth's melting due to the blanketing effect of the primordial dense atmosphere. *Earth Planet. Sci. Lett.*, **43**, 22-28.

[43] Hirose, K., Labrosse, S. and Hernlund, J.（2013）Composition and state of the core. *Annu. Rev. Earth Planet. Sci.*, **41**, 657-691.

[44] Hsu, H., Umemoto, K., Blaha, P. and Wentzcovitch, R. M.（2010）Spin states and hyperfine interactions of iron in $(Mg,Fe)SiO_3$ perovskite under pressure. *Earth Planet. Sci. Lett.*, **294**, 19-26.

[45] Huang, H., Fei, Y., Cai, L., Jing, F., Hu, X., Xie, H., Zhang, L. and Gong, Z. （2011）Evidence for an oxygen-depleted liquid outer core of the Earth. *Nature*, **479**, 513-516.

[46] Huang, X. G., Xu, Y. S. and Karato, S. I.（2005）Water content in the transition zone from electrical conductivity of wadsleyite and ringwoodite. *Nature*, **434**, 746-749. doi:10.1038/nature03426.

[47] 井田喜明・水谷 仁（1982）地球を構成する物質の弾性（第 1 章），『地球の物質科学 I—高温高圧の世界—』秋本俊一・水谷 仁 編，岩波講座地球科学 2，pp.1-100, 岩波書店。

[48] Inoue, T., Yurimoto. H. and Kudoh, Y.（1995）Hydrous modified spinel, $Mg_{1.75}SiH_{0.5}O_4$: A new water reservoir in the mantle transition region. *Geophys. Res. Lett.*, **22**(2), 117-120.

[49] Irifune, T., Higo, Y., Inoue, T., Kono, Y., Ohfuji, H. and Funakoshi, K.（2008）Sound velocities of majorite garnet and the composition of the mantle transition region. *Nature*, **451**, 814-817. doi:10.1038/nature06551

[50] Irifune, T., Koizumi, T. and Ando, J.（1996）An experimental study of the

garnet-perovskite transformation in the system $MgSiO_3$-$Mg_3Al_2Si_3O_{12}$. *Phys. Earth Planet. Inter.*, **96**, 147-157.

[51] 伊藤英司（2003）高圧地球科学における多数アンビル装置の圧力校正. 高圧力の科学と技術, **13**, 265-269.

[52] Ito, E. and Takahashi, E.（1989）Postspinel transformations in the system Mg_2SiO_4-Fe_2SiO_4 and geophysical implications. *J. Geophys. Res.*, **94**, 10637-10646.

[53] Ito, E. and Yamada, H.（1982）Stability relations of silicate spinels, ilmenites, and perovskites. *In*: "High-Pressure Research in Geophysics", Akimoto, S. and Manghnani, M. H.（eds.）, pp. 405-419, center for academic publications Japan.

[54] Jacobsen, S. D., Reichmann, H. J., Kantor, A., and Spetzler, H.（2005）A gigahertz ultrasonic interferometer for the diamond-anvil cell and high-pressure elasticity of some iron-oxide minerals. *In*: "Advances in High-Pressure Technology for Geophysical Applications", Chen, J., Wang. Y., Dutty, S., Shen, G., Dobrzhinetskaya, L. P.（eds.）, pp. 25-48, Elsevier.

[55] Jung, I.-H., Decterov, S. A. and Pelton, A. D.（2005）Critical thermodynamic evaluation and optimization of the CaO-MgO-SiO_2 system. *J. Euro. Cer. Soc.*, **25**, 313-333.

[56] Kamada, S., Ohtani, E., Terasaki, H., Sakai, T., Miyahara, M., Ohishi, Y. and Hirao, N.（2012）Phase relationships of the Fe-FeS system up to the Earth's outer core conditions. *Earth Planet. Sci. Lett.* **359-360**, 26-33.

[57] KAMLAND web ページ. http://www.awa.tohoku.ac.jp/kamland/?p=88

[58] Kaneko, S., Miyahara, M., Ohtani, E., Arai, T., Hirao, N. and Sato, K.（2015）Discovery of stishovite in Apollo 15299 sample. *Am. Mineralog.*, **100**, 1308-1311. doi: org/10.2138/am-2015-5290.

[59] Kaneshima, S., Okamoto, T. and Takenaka, H.（2007）Evidence for a metastable olivine wedge inside the subducted Mariana slab. *Earth Planet. Sci. Lett.*, **2007**, 219-227.

[60] Karato, S. and Ohtani, E.（1993）Structure of the Earth interior. *Encyclopedia of Appl. Phys.*, **5**, 127-148.

[61] Katayama, Y., Tsuji, K., Chen, J.-Q., Koyama, N., Kikegawa, T., Yaoita, K. and Shimomura, O.（1993）Density of liquid tellurium under high pressure. *J. Non-Cryst. Solids*, **156-158**, 687-690.

[62] 加藤 昭（1977）新鉱物種の認定と鉱物種の概念. 鉱物学雑誌, **13**, 121-126.

[63] Katsura, T. and Ito, E.（1989）The system Mg_2SiO_4-Fe_2SiO_4 at high pressures and temperatures: Precise determination of stabilities of olivine, modified

spinel, and spinel. *J. Geophys. Res.*, **B94**, 15663-15670.

[64] Katsura, T., Yoneda, A., Yamazaki, D., Yoshino, T. and Ito, E. (2010) Adiabatic temperature profile in the mantle. *Phys. Earth Planet. Inter.*, **183**, 212-218.

[65] 河野義生 (2010) 高温高圧下における MgO の弾性波速度，X 線回折同時測定による圧力決定．高圧力の科学と技術，**20**, 262-268.

[66] 高エネルギー加速器研究機構 web ページ．https://www2.kek.jp/ja/newskek/2004/janfeb/neutron2.html

[67] Kraut, E. A. and Kennedy, G. C. (1966a) New melting law at high pressures. *Phys. Rev. Lett.*, **16**, 608-609.

[68] Kraut, E. A. and Kennedy, G. C. (1966b) Melting law at high pressures. *Phys. Rev.*, **151**, 668-675.

[69] Kubo, A. and Akaogi, M. (2000) Post-garnet transitions in the system $Mg_4Si_4O_{12}$-$Mg_3Al_2Si_3O_{12}$ up to 28 GPa: Phase relations of garnet, ilmenite and perovskite. *Phys. Earth Planet. Inter.*, **121**, 85-102.

[70] Kushiro, I. (1976) Changes in viscosity and structure of melt of $NaAlSi_2O_6$ composition at high pressure. *J. Geophys. Res.*, **81**, 6347-6350.

[71] Labrosse, S., Hernlund, J. W. and Coltice, N. (2007) A crystallizing dense magma ocean at the base of the Earth's mantle. *Nature*, **450**, 866-869.

[72] Lay, T. (2005). The deep mantle thermo-chemical boundary layer: The putative mantle plume source. *In:* "Plates, Plumes, and Paradigms", Foulger, G. R., Natland, J. H., Presnall, D. C. and Anderson, D. L. (eds.), GSA Special Paper 388, pp. 193-205, Geological Society of America.

[73] Lay, T., Williums, Q. and Garnero, E. J. (1998) The core-mantle boundary layer and deep Earth dynamics. *Nature*, **392**, 461-468.

[74] Liebermann, R, and Ringwood, A. E. (1973) Birch's law and polymorphic phase transformations. *J. Geophys. Res.*, **78**, 6926-6932.

[75] Lin, J-F., Alp, E. E., Mao, Z., Inoue, T., McCammon, C., Xiao, Y., Chow, P. and Zhao, J. (2012) Electronic spin states of ferric and ferrous iron in the lower-mantle silicate perovskite. *Am. Mineral.*, **97**, 592-597.

[76] Litasov, K. D. and Ohtani, E. (2002) Phase relations and melt compositions in CMAS-pyrolite-H_2O system up to 25 GPa. *Phys. Earth Planet. Inter.*, **134**, 105-127.

[77] Mao, H. K. (2017) When water meet iron at the Earth's core-mantle boundary. *Natl. Sci. Rev.* https://doi.org/10.1093/nsr/nwx109

[78] Mao, H. K. and Hemley, R. J. (1998) New windows on the Earth's deep interior, *In:* "Ultrahigh-Pressure Mineralogy: Physics and Chemistry of the Earth's

Deep Interior", Hemley, R. J. (ed.), Review in Mineralogy, vol.37, pp.1-32, Mineraogial Society of America.

[79] Mao, H. K., Xu, J., and Bell, P. M.（1986）Calibration of the ruby pressure gauge to 800 kbar under quasi-hydrostatic conditions. *J. Geophys. Res.*, **91**, 4673.

[80] Mao, H. K., Xu, J., Struzhkin, V. V., Shu, J., Hemley, R. J., Sturhahn, W., Hu, M. Y., E. E. Alp, E. E., Vocadlo, L., Alfè, D., Price, G. D., Gillan, M. J., Schwoerer-Böhning, M., Häusermann, D., Eng, P., G. Shen, G., Giefers, H., Lübbers, R. and Wortmann, G.（2001）Phonon density of states of iron up to 153 gigapascals. *Science*, **292**, 914-916.

[81] McCammon, C., Kantor, I., Narygina, O., Rouquette, J., Ponkratz, U., Sergueev, I., Mezouar, M., Prakapenka, V. and Dubrovinsky, L.（2008）Intermediate-spin ferrous iron in lower mantle perovskite. *Nature Geosci.*, **1**, 684-687.

[82] McDonough, W. F. and Sun, S-s.（1995）The composition of the Earth. *Chem. Geol.*, **120**, 223-253.

[83] Mori, T. and Green, D. H.（1975）Pyroxenes in the system $MgSiO_3$-$CaMgSi_2O_6$ at high pressure. *Earth Planet. Sci. Lett.*, **26**, 272-286.

[84] Morishima, H., Kato, T., Suto, M., Ohtani, E., Urakawa, S., Utsumi, W., Shimomura, O. and Kikegawa, T.（1994）The phase boundary between α- and β-Mg_2SiO_4 determined by *in situ* X-ray observation. *Science*, **265**, 1202-1203.

[85] Mosenfelder, J. L., Asimow, P. D. and Ahrens, T. J.（2007）, Thermodynamic properties of Mg_2SiO_4 liquid at ultra-high pressures from shock measurements to 200 GPa on forsterite and wadsleyite. *J. Geophys. Res.*, **112**, B06208. doi:10.1029/2006JB004364.

[86] 村上元彦（2010）絶対圧力スケールの構築にむけて，高圧力の科学と技術，**21**, 252-261.

[87] Murakami, M., Hirose, K., Kawamura, K., Sata, N., and Ohishi, Y.(2004) Post-perovskite phase transition in $MgSiO_3$. *Science*, **304**, 855-858. doi: 10.1126/science.1095932

[88] Mysen, B. and Richet, P.（2005）"Silicate Glasses and Melts, Properties and Structure". Developments in Geochemistry, vol.10, Elsevier, 544p.

[89] Nakajima, Y., Imada, S., Hirose, K., Komabayashi, T., Ozawa, H., Tateno, S., Tsutsui, S., Kuwayama, Y., Alfred, Q. R. and Baron, A. Q.（2015）Carbon-depleted outer core revealed by sound velocity measurements of liquid iron-carbon alloy. *Nat. Commun.*, **6**, 8942. doi:10.1038/ncomms9942

参考文献

[90] Nishida, K, Kono, Y., Takahashi, S., Shimoyama, Y., Higo, Y. , Funakoshi, K.-I., Irifune, T. and Ohtani, E.（2013）Sound velocity measurements in liquid Fe-S at high pressure: Implications for Earth's and lunar cores. *Earth Planet. Sci. Lett.*, **362**, 182-186.

[91] Ohta, K., Hirose, K., Lay, T., Sata, N. and Ohishi, Y.（2008）Phase transitions in pyrolite and MORB at lowermost mantle conditions: Implications for a MORB-rich pile above the core-mantle boundary. *Earth Planet. Sci. Lett.*, **267**, 107-117. doi:10.1016/j.epsl.2007.11.037

[92] Ohtani, E.（1983）Melting temperature distribution and fractionation in the lower mantle. *Phys. Earth Planet. Inter.*, **33**, 12-25.

[93] Ohtani, E.（1985）The primordial terrestrial magma ocean and its implication for stratification of the mantle. *Phys. Earth Planet. Inter.*, **38**, 70-80.

[94] Ohtani, E.（2005）Water in the mantle. *Elements*, **1**, 25-30.

[95] 大谷栄治（2005）地球内部の岩石鉱物．地学雑誌, **114**(3), 338-349.

[96] 大谷栄治（2008）マントル物質の融解とマグマの密度：そのマントルダイナミクスへの摘要．高圧力の科学と技術, **18**, 360-369.

[97] Ohtani, E.（2015）Hydrous minerals and the storage of water in the deep mantle. *Chem. Geol.*, **418**, 6-15.

[98] 大谷栄治, 掛川 武（2005）『地球・生命—その起源と進化』, 共立出版, 196p.

[99] Ohtani, E. and Maeda, M.（2001）Density of basaltic melt at high pressure and stability of the melt at the base of the lower mantle. *Earth Planet. Sci. Lett.*, **193**, 69-75.

[100] Ohtani, E. and Sakai, T.（2008）Recent advances in the study of mantle phase transitions. *Phys. Earth Planet. Inter.*, **170**, 240-247.

[101] Ohtani, E., Taulelle, F. and Angell, C. A.（1985）Al coordination changes in liquid silicates under pressure. *Nature*, **314**, 78-81.

[102] Ono, S., Katsura, T., Ito, E., Kanzaki, M., Yoneda, A., Walter, M. J., Urakawa, S., Utsumi, W. and Funakoshi, K.（2001）*In situ* observation of ilmenite-perovskite phase transition in $MgSiO_3$ using synchrotron radiation. *Geophys. Res. Lett.*, **28**, 835-838.

[103] Pearson, D. G., Brenker, F. E., Nestola, F., McNeill, J., Nasdala, L., Hutchison, M. T., Matveev, S., Mather, K., Silversmit, G., Schmitz, S., Vekemans, B. and Vincze, L.（2014）Hydrous mantle transition zone indicated by ringwoodite included within diamond. *Nature*, **507**, 221. http://dx.doi.org/10.1038/nature13080

[104] Piermarini, G. J., Block, S., Barnett, J. D. and Forman, R. A.（1975）*J. Appl.*

Phys., **46**, 2774.

[105] Poirier, J-P.（1994）Light elements in the Earth's outer core: A critical review. *Phys. Earth Planet. Inter.*, **85**, 319-337.

[106] Poirier, J-P.（2000）"Introduction to the Physics of the Earth's Interior. 2nd ed.", Cambridge University Press, 312p.

[107] Poli, S. and Schmidt, M. W.（2002）Petrology of subducted slabs. *Annu. Rev. Earth Planet. Sci.*, **30**, 207-235.

[108] Ringwood, A. E. and Hibberson, W.（1990）The system Fe-FeO revisited. *Phys. Chem. Mineral.*, **17**, 313-319.

[109] Ringwood, A. E. and Major, A.（1966）Syntheis of Mg_2SiO_4-Fe_2SiO_4 solid solution. *Earth Planet. Sci. Lett.*, **1**, 241-245.

[110] Ross, J. E. and Aller, L. H.（1976）The chemical composition of the sun. *Science*, **191**, 1223-1229.

[111] Rubie, D., Frost, D. J., Mann, U., Asahara, Y., Nimmo, F., Tsuno, K., Kegler, P., Holzheid, A. and Palme, H.（2011）Heterogeneous accretion, composition and core-mantle differentiation of the Earth. *Earth Planet. Sci. Lett.*, **85**, 319-337.

[112] Rudnick, R. L. and Fountain, D. M.（1995）Nature and composition of the continental crust: A lower crustal perspective. *Rev. Geophys.*, **33**, 267-309.

[113] Sakamaki, T., Ohtani, E., Fukui, H., Kamada, S., Takahashi, S., Sakairi, T., Takahata, A., Sakai, T., Tsutsui, S., Ishikawa, D., Shiraishi, R., Seto, Y., Tsuchiya, T. and Baron, A. Q. R.（2016）Constraints on the Earth's inner core composition inferred from measurements of the sound velocity of hcp-iron in extreme conditions. *Sci. Adv.*, **2**, e1500802.

[114] Sakamaki, T., Ohtani, E., Urakawa, S., Terasaki, H. and Katayama, Y.（2011）Density of carbonated peridotite magma at high pressure using an X-ray absorption method. *Am. Mineral.*, **96**, 553-557.

[115] Sakamaki, T., Suzuki, A. and Ohtani, E.,（2006）Stability of hydrous melt at the base of the Earth's upper mantle. *Nature*, **439**, 192-194. doi:10.1038/nature04352

[116] Sasaki, S. and Nakazawa, K.（1990）Did a primary solar-type atmosphere exist around the protoearth? *Icarus*, **85**, 21-42.

[117] Schmidt, M. W. and Poli, S.（1998）Experimentally based water budgets for dehydrating slabs and consequences for arc magma generation. *Earth Planet. Sci. Lett.*, **163**, 361-379.

[118] 関根利守（2004）レーザー誘起衝撃波圧縮を用いた状態方程式研究 4. レーザー誘起衝撃波による物質研究の展開 4.1 レーザー衝撃圧縮と試料回収. プラズマ・核融

参考文献

合学会誌，**80**, 454-458.

[119] Shen, G., Mao, H. K., Hemley, R. J. and Rivers, M. L.（1998）Melting and crystal structure of iron at high pressures. *Geophys. Res. Lett.*, **25**, 373-376.

[120] Shim, S. H.（2008）The postperovskite transition. *Ann. Rev. Earth Planet. Sci.*, **36**, 569-599.

[121] 島津康夫（1966）『地球内部物理学』，裳華房，394p.

[122] Spetzler, H. A.（1993）A new ultrasonic interferometer for the determination of equation of state parameters of sub-millimeter single crystals. *Pure Appl. Geophys.*, **141**, 341-377.

[123] SPring-8 大型放射光施設ホームページ：ビームライン一覧，BL35XU 概要，http://www.spring8.or.jp/wkg/BL35XU/instrument/lang/INS-0000000514/ instrument_summary_view

[124] SPring-8 web site, XAFS（ザフス）—手法と事例—. http://www.spring8.or.jp/ja/ science/meetings/2016/2nd_cultural_ws/xafs/

[125] SPring-8（放射光）施設による放射線利用（08-04-01-07）. http://www.rist.or.jp/ atomica/data/dat_detail.php?Title_Key=08-04-01-07

[126] Stacey, F. D.（1995）Theory of thermal and elastic properties of the lower mantle and core. *Phys. Earth Planet. Inter.*, **89**, 219-245.

[127] Stacey, F. D. and Davis, P. M.（2008）"Physics of the Earth", Cambridge University Press, 327p.

[128] Stixrude, L., de Koker, N., Sun, N., Mookherjee, M., and Karki, B. B.（2009）Thermodynamics of silicate liquids in the deep Earth. *Earth Planet. Sci. Lett.*, **278**, 226-232. doi:10.1016/j.epsl.2008.12.006.

[129] Sturhahn, W. and Jackson, J. M.（2007）Geophysical applications of nuclear resonant spectroscopy. *In*: "Advances in High-Pressure Mineralogy", Ohtani, E.（ed.）, GSA Special Papers, vol.421, pp.157-174, Geological Society of America.

[130] 角谷 均（2009）ダイヤモンド合成用超高圧装置の最近の動向．高圧力の科学と技術，**19**, 264-269.

[131] Sun, S. -S.（1984）Geochemical characteristics of archean ultramafic and mafic volcanic rocks: Implications for mantle composition and evolution. *In*: "Archean Geochemistry of the Archean Continental Crust, the Origin and Evolution", Kroner, A., Hanson, G. N. and Goodwin, A. M.（eds.）, pp 25-46, Springer-Verlag.

[132] Susaki, J. -I., Akaogi, M., Akimoto, S. and Shimomura, O.（1985）Garnet perovskite transformation in $CaGeO_3$: *In situ* X-ray measurement using synchrotron radiation. *Geophys. Res. Lett.*, **12**, 729-732.

[133] Suzuki, A. and Ohtani, E.（2003）Density of peridotite melts at high pressure. *Phys. Chem. Mineral.*, **30**, 449-456. doi: 10.1007/s00269-003-0322-6

[134] Suzuki, A., Ohtani, E., Funakashi, K., Terasaki, H. and Kubo, T.（2002）Viscosity of albite melt at high pressure and high temperature. *Phys. Chem. Mineral.*, **29**, 159-165. doi: 10.1007/s00269⌃001-0216-4

[135] Suzuki, A., Ohtani, E., Morishima, H., Kubo, T., Kanbe, Y., Okada, T., Terasaki, H., Kato, T. and Kikegawa, T.（2000）*In situ* determination of the phase boundary between wadsleyite and ringwoodite in Mg_2SiO_4. *Geophys. Res. Lett.*, **27**, 803-806.

[136] 庄野安彦（1982）衝撃波実験と地球内部（第 4 章），『高温高圧の世界』，地球の物質科学 I，秋本俊一・水谷 仁 編，岩波講座地球科学 2，pp. 245-282，岩波書店.

[137] Tajika, E.（2008）Snowball planets as a possible type of water-rich terrestrial planets in the extrasolar planetary system. *Astrophys. J. Lett.*, **680**, L53-L56.

[138] 田近栄一（2014）放射性熱源と惑星の進化. *Isotope News*, **11**(727), 35-38.

[139] Tateno, S., Hirose, K., Ohishi, Y. and Tatsumi, Y.（2010）The structure of iron in Earth's inner core. *Science*, **330**, 359-361. doi: 10.1126/science.1194662

[140] Terasaki, H., Kamada, S., Sakai, T., Ohtani, E., Hirao, N. and Ohishi, Y.（2011）Liquidus and solidus temperatures of a Fe-O-S alloy up to the pressures of the outer core: implication for the thermal structure of the Earth's core. *Earth Planet. Sci. Lett.*, **304**, 559-564.

[141] Terasaki, H., Suzuki, A., Ohtani, E., Nishida, K., Sakamaki, T. and Funakoshi, K.（2006）Effect of pressure on the viscosity of Fe-S and Fe-C liquids up to 16 GPa. *Gephys. Res. Lett.*, **33**, L22307. doi:10.1029/2006GL027147

[142] Turcotte, D. L. and Schubert, G.（2002）."Geodynamics, 2nd ed.", Cambridge University Press, 465p.

[143] 浦道徹郎（1982）マグマの物理化学（第 6 章），『地球の物質科学 II—火成岩とその生成』，久城育夫・荒巻重雄 編，岩波講座地球科学 3，pp.183-195，岩波書店.

[144] Utada, H., Koyama, T., Obayashi, M. and Fukao, Y.（2009）A joint interpretation of electromagnetic and seismic tomography models suggests the mantle transition zone below Europe is dry. *Earth Planet. Sci. Lett.*, **281**(3), 249-257.

[145] Vinet, P., Rose, J. H., Ferrante, J. and Smith, J. R.（1989）Universal features of the equation of state of solids. *J. Phys.: Cond. Matt*, **1**, 1941-1963.

[146] Wang, C. Y.（1968）Equation of state of periclase and Birch's relationship between velocity and density. *Nature*, **218**, 74-76.

[147] Wirth, R., Vollmer, C., Brenker, F., Matsyuk, S. and Kaminsky, F.（2007）Inclusions of nanocrystalline hydrous aluminium silicate "Phase Egg" in superdeep

diamonds from Juina (Mato Grosso State, Brazil). *Earth Planet. Sci. Lett.*, **259**, 384-399.

[148] Wood, B. J., Walter, M. J. and Wade, J. (2006) Accretion of the Earth and segregation of its core. *Nature*, **441**, 825-33. doi:10.1038/nature04763

[149] Yagi, T., Akaogi, M., Shimomura, O., Suzuki, T. and Akimoto, S.-I. (1987) *In situ* observation of the olivine-spinel phase transformation in Fe_2SiO_4 using synchrotron radiation. *J. Geophys. Res.*, **92**, 6207-6213.

[150] Yoder, H. S. (1976) "Generation of Basaltic Magma", National Research Council, National Academies Press. https://doi.org/10.17226/19924

[151] 米田 明 (1985) 大容量超高圧力発生の指導原理，圧力技術，**23**(3), 32-39.

[152] Yoneda, A., Fukui, H., Gomi, H., Kamada, S., Xie, L., Hirao, N., Uchiyama, H., Tsutsui, S. and Baron, A. Q. R. (2017) Single crystal elasticity of gold up to 20 GPa: Bulk modulus anomaly and implication for a primary pressure scale. *Jpn. J. Appl. Phys.*, **56**, 095801.

[153] Yoshino, T., Manthilake, G., Matsuzaki, T. and Katsura, T. (2008) Dry mantle transition zone inferred from the conductivity of wadsleyite and ringwoodite. *Nature*, **451**, 326-329.

[154] Yusa, H., Yagi, T. and Arashi, H. (1994) Pressure dependence of Sm:YAG fluorescence to 50 GPa: A new calibration as a high pressure scale. *J. Appl. Phys.*, **75**, 1463-1466.

[155] Zha, C.-S., Mao, H.-K. and Hemley, R. J. (2000) Elasticity of MgO and a primary pressure scale to 55 GPa. *Proc. Natl. Acad. Sci., U.S.A.*, **97**, 13494-13499.

[156] Zhang, J., Li, B., Utsumi, W. and Liebermann, R. C. (1996) *In situ* X-ray observations of the coesite-stishovite transition: Reversed phase boundary and kinetics. *Phys. Chem. Mineral.*, **23**, 1-10.

索　引

数　字

410 km 不連続面　10
660 km 不連続面　10

あ　行

アキモトアイト　74
アダムス・ウイリアムソンの式　14
圧電性　57
アルファベット相　89
アルミナ　69
アーレンサイト　73
アンダーソン・グリュナイゼン定数　27

イオン伝導　64

ウエールライト　77
ウォズレアイト　70
宇宙存在度　1

エクロジャイト　77
エコンドライト　85
X 線核共鳴非弾性散乱法　62
X 線吸収端近傍構造　51
X 線吸収微細構造　51
X 線吸収法　134
X 線非弾性散乱法　60
NAM 相　93
エネルギー分散法　51
エンスタタイト　74

応力　17
応力テンソル　17
オッド・ハーキンスの規則　2

か　行

外熱加熱法　43
角閃石　76
角度分散法　51
核分裂反応　3
核マントル境界　10
核融合反応　3
加水軟化　89
火星起源隕石　85
下部マントル　10
カムランド　118
カリ長石　76
カルシウムアルミニウム包有物　3
川井型マルチアンビル高圧装置　40
頑火輝石　74
カンラン岩　76
カンラン石　69

ギガヘルツ法　58
輝岩　77
輝石温度計　80
輝石–ザクロ石転移　80
揮発性　6
キュービックアンビル高圧装置　42
凝縮作用　3
強親鉄元素　7
強親鉄元素のパラドックス　9
共役量　20
キンバライト　78

クオーク　116
クラウジウス・クラペイロンの式　126

か　行

クラウト・ケネディの式　125
クリストバライト　84
グリュナイゼン定数　22
グリュナイゼンの関係式　22
クロネッカーのデルタ　17

ゲーサイト　95
ケネディ型ピストンシリンダー高圧装置　41
玄武岩　69

広域 X 線吸収微細構造　51
剛性率　19
枯渇度　6
コーサイト　85
固体検出器　51
コマチアイト　121
コンドライト　85

さ　行

ザイフェルタイト　86
サイモンの式　123
ザクロ石　69
ザクロ石カンラン岩　77

示強変数　20
地震パラメータ　14
質量支持効果　38
シデライト　87
ジャイアントインパクト　5, 120
斜長石　69
斜長石カンラン岩　77
斜方輝石　69

索　引

蛇紋石　89
状態方程式　30
上部マントル　10
示量変数　20
C1 コンドライト存在度
　1
親石元素　7
親鉄元素　7

スティショバイト　73
スピネル構造　70
スピン転移　83

静水圧　18
静水力学平衡　12
石英　76
絶対圧力標準　45
尖晶石　69
尖晶石カンラン岩　77

側面支持効果　39
素粒子　116
ソルバス　79

た　行

体心立方格子　101
体積弾性率　21
ダイヤモンドアンビル高
　圧装置　40
太陽定数　111
ダナイト　77
単斜輝石　69
弾性定数テンソル　19
断熱温度勾配　13
断熱体積弾性率　22

チェルマック置換　80
地温勾配　114
地殻　10
地殻熱流量　55
地球ダイナモ　104
地球内部構造モデル　11
地球ニュートリノ　117
地質圧力計　78
地質温度計　78

中央海嶺玄武岩　77
中性子イメージング　54
中性子線回折　53
超塩基性岩　76
超音波振動子　57
超音波法　57
超苦鉄質岩　76
超高圧変成岩　85
超低速度帯　94
チョークポイント　91

月起源隕石　85

定圧比熱　21
定積比熱　21
D″層　10, 93
底面支持効果　39
テトラヘドラルアンビル
　高圧装置　41
デバイモデル　62

等温体積弾性率　21
独立変数　20
トリディマイト　84
トロイド型高圧装置　40

な　行

内核　11
内核境界　11
難揮発性　6

ニッケルのパラドックス
　8
ニュートリノ　110
ニュートリノ振動　116
ニュートリノ地球物理学
　110

熱機関　110
熱伝導　65
熱伝導度　114
熱膨張係数　21
熱力学関数　20
熱流量単位　114

は　行

パイロライト　78
爆薬法　48
バーチの法則　25
バーチ・マーナハンの状
　態方程式　31
バリンジャークレーター
　96
バルク音速　25
ハルツバージャイト　77
斑レイ岩　77

非架橋酸素　131
飛翔体衝突法　48
ピストンシリンダー高圧
　装置　38
非静水圧　18
ビネーの状態方程式　33

ファヤライト　72
フェロッシライト　75
フェロペリクレース　73
フォトン伝導　65
フォノン伝導　65
フォノンの状態の分布密
　度　62
フォルステライト　72
不均質パラメータ　14
不混和領域　79
浮沈法　134
フックの法則　19
ブラッグの条件　51
ブランケット効果　111
ブリッジマナイト　70
ブリッジマンアンビル高
　圧装置　38
ブリルアン散乱光　59
ブリルアン散乱法　45, 60
ブリルアン周波数シフト
　59
ブレンのA～G区分　10
ブレンパラメータ　14
プロトン伝導　64
分配係数　8

索　引

平均原子量　23
ベーサルサポート効果
　39
ヘマタイト　87
ペリクレース　70
ベルト型高圧装置　41
変形スピネル構造　70

放射光　49
包有物　80
ポストスティショバイト
　転移　83
ポストペロブスカイト相
　74
ポストペロブスカイト転
　移　83
ホッピング伝導　64
ポピガイクレーター　97

ま　行

マクスウェルの関係式
　20
Mg 数　73
マグネシオウスタイト
　73
マグネタイト　87

マグマオーシャン　5
マッシブサポート効果
　38
マルチアンビル高圧装置
　41
マントル遷移層　10

ミューオン　117
ミュー粒子　117

無限小歪み　18

メージャライト　74
面心立方格子　101

モホ面　10

や　行

融解現象　120
有限歪み　19
有限歪みの弾性論　19
ユークライト　85
ユーリー比　113

ら　行

ラテラルサポート効果

39
ラメの定数　19
ランキン・ユゴニオの状
　態方程式　44
ランベルト・ベールの法
　則　134

両面レーザー加熱ダイヤ
　モンドアンビル　43
リングウッダイト　70
リンデマン定数　122
リンデマンの理論　122

ルビー蛍光法　45

レイトベニア　9
レーザー加熱法　43
レーザー衝撃波法　48
レーザー励起ピコ秒パル
　ス法　58
レプトン　116
レールゾライト　77

六方最密充填構造　60,
　101

欧文索引

数 字

410 km-discontinuity　10
660 km-discontinuity　10

A

achondrite　85
Adams-Williamson's
　equation　14
adiabatic bulk modulus
　22
adiabatic temperature
　gradient　13
ahrensite　73
akimotoite　74
alphabet phase　89
amphibole　76
Anderson-Grüneisen
　constant　27
angular dispersion
　method　51

B

Barringer crater　96
basal support　39
basalt　69
bcc　101
belt type high-pressure
　apparatus　41
Birch's law　25
Birch-Murnaghan
　equation of state　31
blanket effect　111
body center cubic lattice
　101
Bragg's law　51
Bridgman anvil cell　38
bridgmanite　70

Brillouin frequency shift
　59
Brillouin scattering　59
Brillouin scattering
　spectroscopy　45, 60
bulk modulus　21
bulk sound velocity　25
Bullen parameter　14

C

C1 chondritic abundance
　1
CAI　3
calcium aluminium
　inclusion　3
choke point　91
chondrite　85
Clausius-Clapeyron
　equation　126
clinopyroxene　69
CMB　10
coesite　85
condensation　3
conjugated quantity　20
core-mantle boundary
　10
cristobalite　84
crust　10
cubic anvil high-pressure
　apparatus　42

D

D'' layer　10, 93
Debye model　62
density of state of
　phonon　62
depletion factor　6
diamond anvil cell　40

DOS　62
double sided laser
　heating diamond anvil
　cell　43
dunite　77

E

eclogite　77
elastic constant tensor
　19
elemental particle　116
energy dispersion
　method　51
enstatite　74
equation of state　30
eucrite　85
EXAFS　52
explosive method　48
extended X-ray
　absorption fine
　structure　51
extensive variable　20
external heating method
　43

F

face center cubic lattice
　101
fayalite　72
fcc　101
feropericlase　73
ferrosilite　75
finite strain　19
finite strain theory of
　elasticity　19
forsterite　72

欧文索引

G

gabbro 77
gaethite 95
garnet 69
garnet peridotite 77
geobarometer 78
geodynamo 104
geonutrino 117
geotherm 114
geothermal gradient 114
geothermometer 78
giant impact 5, 120
gigaherz method 58
Grüneisen constant 22
Grüneisen relationship 22

H

harzburgite 77
hcp 61, 101
heat capacity at constant pressure 21
heat capacity at constant volume 21
heat engine 110
heat flow unit 114
hematite 87
hexagonal close packing 60, 101
HFU 114
highly siderophile element 7
highly siderophile element paradox 9
Hook's law 19
hopping conduction 64
hydrolic weakening 89
hydrostatic equilibrium 12
hydrostatic pressure 18

I

ICB 11

inclusion 80
indipendent variable 20
inelastic X-ray scattering 60
infinitesimal strain 18
inner core 11
inner core boundary 11
intensive variable 20
ionic conduction 64
isothermal bulk modulus 21
IXS 60

K

KamLAND 118
Kawai-type multianvil apparatus 40
Kennedy type piston cylinder apparatus 41
kfeldspan 76
kimberlite 78
komatiite 121
Kraut-Kennedy's equation 125
Kronecker delta 17

L

Lambert-Beer's law 134
Lamé's constant 19
laser heating method 43
laser shock 48
late veneer 9
lateral support 39
lepton 116
lherzolite 77
Lindemann constant 122
Lindemann's law 122
lithophile element 7
lower mantle 10
lunar meteorite 85

M

magma ocean 5

magnesiowüstite 73
magnetite 87
majorite 74
mantle transition zone 10
martian meteorite 85
massive support 38
Maxell relation 20
mean atomic weight 23
melting phenomena 120
Mg-number 73
mid-oceanic ridge basalt 77
modified spinel structure 70
Moho discontinuity 10
MORB 77
multianvil high-pressure apparatus 41
muon 117

N

NAM 93
NBO 131
neutrino 110
neutrino geophysics 110
neutrino oscillation 116
neutron diffraction 53
neutron imaging 54
Ni paradox 8
NIS 62
nominally anhydrous mineral 93
non-bridging-oxygen 131
nonhydrostatic pressure 18
NRIXS 62
nuclear fission reaction 3
nuclear fusion reaction 3
nuclear resonant inelastic X-ray scatteing 62

165

欧文索引

O

Oddo-Harkins rule　2
olivine　69
orthopyroxene　69

P

partition coefficient　8
periclase　70
peridotite　76
phonon conduction　65
photon conduction　65
picosecond acoustics　58
piezoelectricity　57
piston cylinder
　apparatus　38
plageoclase peridotite
　77
plagioclase　69
Popigai crater　97
post-perovskite　74
post-perovskite
　transition　83
post-stishovite transition
　83
preliminary reference
　earth model　11
PREM　11
primary pressure scale
　45
projectile collision　48
proton conduction　64
pyrite　86
pyrolite　78
pyroxene
　geothermometer　80
pyroxene-garnet
　transition　80
pyroxenite　77

Q

quark　116

quortz　76

R

Rankine-Hugoniot
　equation of state　44
refractory　6
rigidity　19
ringwoodite　70
ruby fluorescence
　method　45

S

seifertite　86
seismic parameter　14
serpentine　89
siderite　87
siderophile element　7
Simon's equation　123
sink-float method　134
solar abundance　1
solar consant　112
solid state detector　51
solvus　79
spin crossover　83
spin transition　83
spinel　69
spinel peridotite　77
spinel structure　70
SSD　51
stishovite　73
stress　17
stress tensor　17
synchrotron radiation
　49

T

terrestrial heatflow　55
tetrahedral anvil
　high-pressure
　apparatus　41
thermal conduction　65
thermal conductivity
　114

thermal expansion
　coefficient　21
thermal radiation　65
thermodynamic function
　20
transducer　57
tridymite　84
troid type high-pressure
　device　40
Tschermak substitution
　80

U

ultra-high pressure
　metamorphic rock　85
ultrabasic rock　76
ultralow velocity zone
　94
ultramafic rock　76
ultrasonic method　57
ULVZ　94
upper mantle　10
Urey ratio　113

V

Vinet equation of state
　33
volatile　7

W

wadsleyite　70
water weakening　89
wehrlite　77

X

X-ray absorption fine
　structure　51
X-ray absorption method
　134
X-ray absorption near
　edge structure　51
XAFS　51
XANES　51

著者紹介

大谷栄治（おおたに えいじ）

略　歴　1973年東北大学理学部卒業，1978年名古屋大学大学院理学研究科博士課程単位取得退学，1979年1月理学博士（名古屋大学），1987年愛媛大学理学部助教授，1988年東北大学理学部助教授，1994年東北大学理学部教授，同大学院理学研究科教授等を経て2016年より東北大学理学研究科名誉教授．その間，2008年よりGCOEリーダー，2010年より日本鉱物科学会会長，2011年より東北大学教育研究評議員，2011-2014年および2015-2016年東北大学卓越教授等を歴任した．1997年鉱物学会賞，2002年米国鉱物学会フェロー，2006年米国地球物理学連合フェロー，2007年同N.L.ボウエン賞，2010年紫綬褒章，2013年ロシア政府メガグラント賞，2015年米国地球科学会・欧州地球化学協会地球化学フェロー，2017年欧州地球化学協会ユーリー賞，同年フンボルト学術賞，2018年日本地球惑星科学連合三宅賞を受賞．

現　在　東北大学名誉教授・理学博士．

専　攻　高圧地球科学・鉱物物理学・地球内部ダイナミクス

著　書　『地球・生命—その起源と進化』（大谷栄治・掛川 武著，2005年，共立出版）等

現代地球科学入門シリーズ 13
地球内部の物質科学
Introduction to
Modern Earth Science Series
Vol. 13
Materials Science of the Earth's
Interior

2018年9月10日　初版1刷発行

検印廃止
NDC 450.12, 450.13, 448.2
ISBN 978-4-320-04721-1

著　者　大谷栄治　© 2018

発行者　南條光章

発行所　共立出版株式会社
〒112-0006
東京都文京区小日向4丁目6番地19号
電話 03-3947-2511（代表）
振替口座 00110-2-57035
URL http://www.kyoritsu-pub.co.jp/

印　刷
製　本　藤原印刷

一般社団法人
自然科学書協会
会員

Printed in Japan

■地学・地球科学・宇宙科学関連書　http://www.kyoritsu-pub.co.jp/　共立出版

地質学用語集 —和英・英和— ……………日本地質学会編

応用地学ノート……………武田裕幸他責任編集

地球・生命 —その起源と進化— ……………大谷栄治他著

地球・環境・資源……………内田悦生他編

大絶滅……………大野照文監訳

人類紀自然学……………人類紀自然学編集委員会編著

氷河時代と人類（双書 地球の歴史 7）……酒井潤一他著

よみがえる分子化石（地学OP 5）……………秋山雅彦著

天気のしくみ —雲のでき方からオーロラの正体まで— ……森田正光他著

竜巻のふしぎ —地上最強の気象現象を探る— 森田正光他著

桜島 —噴火と災害の歴史— ……………石川秀雄著

大気放射学……………藤枝 鋼他訳

海洋底科学の基礎……………日本地質学会「海洋底科学の基礎」編集委員会編

プレートテクトニクス……………新妻信明著

プレートダイナミクス入門……………新妻信明著

サージテクトニクス……………西村敬一他訳

躍動する地球 —その大陸と海洋底— 第2版 …石井健一他著

地球の構成と活動（物理科学のコンセプト 7）…黒星瑩一訳

地震学 第3版……………宇津徳治著

水文学……………杉田倫明訳

水文科学……………杉田倫明他編著

陸水環境化学……………藤永 薫編集

地下水流動 —モンスーンアジアの資源と循環— 谷口真人編著

環境地下水学……………藤縄克之著

地下水汚染論 —その基礎と応用— ……地下水問題研究会編

汚染される地下水（地学OP 2）……………藤縄克之著

復刊 河川地形……………高山茂美著

大学教育 地学教科書 第2版……………小島丈児他共著

国際層序ガイド……………日本地質学会訳編

地質基準……………日本地質学会地質基準委員会編著

日本の地質 増補版………日本の地質増補版編集委員会編

東北日本弧 —日本海の拡大とマグマの生成— …周藤賢治著

地盤環境工学……………嘉門雅史他著

岩石・鉱物のための熱力学……………内田悦生著

岩石熱力学 —成因解析の基礎— ……………川嵜智佑著

同位体岩石学……………加々美寛雄他著

岩石学概論（上）記載岩石学………周藤賢治他著

岩石学概論（下）解析岩石学………周藤賢治他著

地殻・マントル構成物質……………周藤賢治他著

岩石学Ⅰ（共立全書 189）……………都城秋穂他共著

岩石学Ⅱ（共立全書 205）……………都城秋穂他共著

岩石学Ⅲ —岩石の成因—（共立全書 214）…都城秋穂他共著

水素同位体比から見た水と岩石・鉱物 黒田吉益著

偏光顕微鏡と岩石鉱物 第2版………黒田吉益他共著

黒 鉱（地学OP 4）……………石川洋平著

轟きは夢をのせて……………的川泰宣著

人類の星の時間を見つめて…………的川泰宣著

いのちの絆を宇宙に求めて…………的川泰宣著

この国とこの星と私たち…………的川泰宣著

的川博士が語る宇宙で育む平和な未来 的川泰宣著

宇宙生命科学入門 —生命の大冒険— ……石岡憲昭著

現代物理学が描く宇宙論……………真貝寿明著

狂騒する宇宙……………井川俊彦訳

めぐる地球 ひろがる宇宙……………林 憲二他著

人は宇宙をどのように考えてきたか 竹内 努他共訳

多波長銀河物理学……………竹内 努訳

宇宙物理学（KEK物理学S 3）………小玉英雄他著

宇宙物理学……………桜井邦朋著

復刊 宇宙電波天文学……………赤羽賢司他共著